KB004327

집의 사연

집의 사연

귀 기울이면 다가오는 창과 방
마당과 담 자연의 의미

신동훈 지음

차례

들어가며

오도카니 서 있기만 한 집은 말이 없을까?

사람마다 나름의 사연을 안고 살아가듯이, 집도 무언가 사연을 안고 서 있다.

묻자. 사람이 입을 닫고 있으면 그 사연을 잘 알 수 없다. 물어야 한다. 집도 그렇다. 물어야 한다.

입 여는 일에 인색한 사람에 대해서는 추측해야 한다. 상상해야 한다. 묻되 다르게 물어야 한다. 그런데 집은 열 입이 없다. 그래서 더욱더 묻고 또 물어야 한다.

사람이 아예 입을 딱 다물고 있으면, 건드려 반응하게 하여 표정이나 태도에서 실마리를 찾아내야 한다. 집을 상대할 때도 마찬가지. 집은 사람처럼 밀쳐서 반응을 끌어낼 수 없다. 그렇다면 어떻게 건드려야 할까.

'집을 다르게 바꾸어 보는 것'은 그 한 가지 방법이다. 그리고 비교하는 것이다. 바뀌기 전후, 그 차이를 견주어 사연을 추론해 내야 한다.

한마디로 '집의 사연을 캐는 일'이다. 이는 곧 집과의 소통이다.

소통은 낯설지 않게 한다. 외롭지 않게 한다. 불안하지 않게 한다. 심지어 위축되지 않게 한다. 우울하지 않게 한다. 적어도 심심하지는 않게 한다. 이것 말고도 많은 좋은 일이 생길 수 있다. 그만큼 누릴 수 있다.

사람 간에 이루어지는 질 높은 소통의 효과와 어찌 보면 같다. 집에 담긴 사연을 안다는 것도 마찬가지다.

어려운 작업이 아니다. 미리 무언가 많이 알 필요는 없다. 보이는 그대로 받아들이면 된다. 그것을 놓고 추측, 상상, 추리해 나아간다. 그리 깊지 않은, 상식 수준의 지식만으로도 이 일은 가능하다. '알고 접하는 식'이 아니라 '접하면서 알아 가는 식'이다.

"교문에서 본관으로 나 있는 길이 두 가지 색으로 돼 있다. 반은 붉은 계열로 되어 있고 반은 회색 계열로 되어 있다. 이것은 무슨 이야기를 하는 것일까? … 이 길은 사람과 차량 모두 지나는 길이다. 색상을 한 가지로 통일해 보자. 그러면 어떤 일이 벌어지겠는가? … 이 길은 본디 사람이 주인인 길이다. 그런데 차량의 출입을 허용하기로 했다. 그래서 두 가지 색으로 나누었다. 즉, 차량의 출입'도' 허용하면서 다른 색의 길을 내 준 꼴임을 명확히 한 것이다. 차량이 드나들 수는 있지만, 본디 사람이 주인인 길임을 알고는 들어오라는 이야기다. 찻길인 양 거칠게 다니지 말고 조심조심 다니라는 뜻이 담겨 있는 것이다."

인용한 글은 어느 고교생의 에세이를 간추린 것이다. 이 글은 집과의 소통이 어떻게 이루어지는지 잘 보여 준다.

디자인은 곧 물음의 과정이다. '이러면 어떨까?' '이런 것 아닌가?' 조금이라도 의심이 가는 대목마다, 당연한 대목에도 질문을 멈추지 않는 것이 곧 디자인이다. 계속 이렇게 물으며 나아가는 것이다. 넓혀 가는 것이다. 그러면서 알아 가는 것이다. 그러다 보면 스스로 좁혀진다. 자연스럽게 답에 다가간다. 소통하다 보면 자연스럽게 답이 내려지는 것과 그 과정이 또한 닮았다.

그래서일까? 이 작은 책에서 담고자 했던 '집의 사연을 캐는 일', 즉 집과의 소통은 설계실 작업대에서 행하는 디자인과 크게 달라 보이지 않는다.

이 책에서는 집을 이루는 대표적인 요소로 창, 방, 방의 배열, 마당, 담, 외양, 자연을 꼽았다. 사연을 담아내는 그릇, 사연을 바라보는 프레임이다. 이 요소들이 나와 세상 사이에 놓인다. 그러면서 서로의 관계를 규정한다. 하늘, 달, 구름, 바람, 물, 공기, 바위, 땅, 새,

나무 그리고 다른 사람, 심지어 사람 마음속에 있는 신까지, 세상에 있는 이들과 나를 관계 지어 준다. 이렇게 사연이 하나씩 만들어진다. 그 관계를 들여다보고, 사연을 듣고, 소통하는 일을 이제 시작해 보자.

집의 이야기를 듣는 길에, 질문을 던지는 여정에, 이 책이 작으나마 도움이 되기를 바란다. 꼭 건축을 업으로 삼는 사람이 아니더라도 누구나 집과 소통한다면 삶이 조금은 풍성해지리라 믿는다. 또한, 건축을 전문으로 하는 사람, 특히 건축 설계에 막 입문한 사람에게도 한 번쯤 집과 사람을 되돌아보는 기회가 되면 좋겠다는 바람을 가져 본다.

첫 번째 사연, 창

건물을 이루는 요소 가운데 세상과 가장 맞닿아 있는 곳으로 단연 창을 꼽을 수 있다. 지붕? 바닥? 벽? 이런 것들도 있겠지만, 열려 있든, 유리나 한지로 얼추 가렸든, 결국 사람과 세상 사이에 바짝 껴 있는 것이 창이기 때문이다. 만약 창이 사람과 세상 사이의 경계가 되면서 사람과 세상 간의 관계에 관여한다는 점에 주목한다면 창을 꼽는 데 더욱 주저함이 없을 것이다.

세상이 모두 꽁꽁 얼어붙은 추운 겨울, 볕 잘 드는 창가에 앉아 차 한잔 마시며 책을 읽고 있으면 그렇게 좋을 수가 없다. 미세먼지가 대기를 가득 채우고 있어 무언가 꺼림칙한 날, 창을 단단히 닫고 있으면 그나마 안심이 된다. 창이 최전선에서 민감하게 때로는 민첩하게 작용하고 있음을, 막으면서 때로는 통하게 하면서 사람을 온전하게 해 주고 있음을 증명해 주는 상황들이다.

이리 보면, 창이라는 것이 참으로 소중하고 고마운 존재가 아닐 수 없다. 그럼에도 불구하고, 정작 수혜자인 우리 대부분은 관심조차 없다. 창은 늘 우리 곁에 있다. 사람도, 자연도 그러하듯이, 늘 곁에 있으면 그 존재를, 그 의미를 제대로 인식하지 못하는 경우가 많다. 무심해지기 마련이다. 흔한 말로, 없어 봐야 소중한지 고마운지 안다.

관에 갇혀 땅속에 묻힌 채 사투를 벌이는 절박한 상황을 그린 영화 〈베리드buried〉는 이를 잘 보여 준다. 공간이 너무 좁아 마음대로 움직일 수 없고, 절대적으로 산소를 아껴 써야만 한다. 새까맣게 어두워 전혀 분간이 안 되는 상황에, 오로지 희미한 휴대폰 불빛, 점점 연료가 닳아 없어지는 라이터 불빛, 건전지는 달그락해 툭툭 바닥에 내리쳐야 그나마 켜지는 엄벙한 손전등의 불빛에 의지해야 한다. 영화는 이런 혹독한 조건에서 구조를 애타게 기다리며 안간힘을 쓰는 절박한 상황을 그린다. 영화를 보고 나면, 햇살이, 공기가 그렇게 달고 따뜻할 수가 없다. 비록 관객일 뿐이었는데 말이다.

영화 속 상황과는 달리, 우리가 접하는 햇살은, 공기는 대개 조용하다. 덩달아 집 안에 이들을 들이는 창도 대체로 참 조용하다. 창에 무심할 수밖에 없는 다른 한 가지 이유라 할 것이다. 해결의 실마리를 창에서 찾아본다. 햇살은, 공기는 마음대로 못하지만, 창은 그렇지 않기 때문이다. 그러니 창이 적극 나서 보는 것이다. 마침, 그런 과科의 창들이 있다. 더 이상 조용하기를 거부하는, 어물거리지 않고 치고 나가기를 하는, 심지어 힘을 실어 나름 휘젓기를 하는, 제법 당찬 창들이 있다.

슬쩍 짬을 내어 이 창들을 만나 보자. 창에 담긴 각자의 사연까지를 찬찬히 들추어 보자. '그러고 나니 눈길이 창에 가게 되네!' 이리 되면 좋겠다.

"나도 있어요."라고 외치는 창문

중세의 서양 건축물 가운데 돌로 지어진 집의 창문을 보자. 창문 둘레에 돌로 된 제법 두툼한 테두리가 더해진 경우가 있다.

이 창에 묻자. 대체 무엇을 하고 있습니까?

돌로 된 창문 테두리

집의 모양을 갖춘 창문 장식

화려한 꽃잎 문양의 창문 장식

테두리 덕분에 창문은 건물의 다른 많은 것으로부터 도드라지고 눈에 잘 띄게 된다. 마치 창문이 자신의 존재를 똑 부러지게 주장하는 듯하다. 이 건물에 자신도 있다고 말이다.

건물 벽에 조용히 묻힐 수 있었다. 그런데, 마치 창문이 책을 읽다 치는 밑줄 혹은 박스의 효과에서 힌트를 얻었는지, 자신의 몸에 테두리를 두르고 있는 것이다.

단순한 테두리가 아니라, 창문 위에 세모 혹은 아치 모양의 지붕을 얹어 놓거나, 심지어 창문 옆에 기둥을 가져다 대기도 한다.

또 다시 묻게 된다. 대체 무엇을 하고 있으신지요?

이제 창문은 달랑 벽에 뚫린 구멍이 아니라, 자신만을 받쳐 주는 별도의 지붕과 기둥을 가진 특별한 존재가 된다. 창문이 집을, 그것도 각자가 자기 집을 한 채씩 차고 들어앉아 있는 꼴이다. 사람도 한 채 가지기 힘든 집을 말이다. 스스로를 귀하게 만드는 짓에 다름 아니다. 그 처지를 집을 가진 개에 비유하면, 창문에 대한 모독이 될까? 처마 밑 아무 데나 널브러져 있는 개와 정성스럽게 만들어진 개집 안에 우아하게 엎드려 있는 개, 이 둘의 신세를 누구도 같다고 할 수는 없을 테다. 도대체 이 창문들은 왜 이러고 있는 걸까?

창문은 우리 몸에 나 있는 입, 코, 귀, 항문 등 구멍들과 마찬가지로, 필요한 것을 들이고 불필요한 것을 내어놓는 일을 한다. 이런 일이 없으면 사람이 살 수 없다. 창문은 그만큼 필수이고 중요한 존재다. 이에 관한 외침으로 들린다. 보통은 창문 스스로 잘 드러내지 않는데, 가끔은 이렇게 자신의 존재를, 자신이 중요한 일을 하고 있음을, 마치 이를 알아달라는 듯이 제법 톤을 높여 이야기를 던지는 별종이 있다.

창문의 장식이 하고픈 이야기

테두리, 집 형태의 장식을 넘어, 화려한 꽃, 꽃잎 문양의 장식이 창문 혹은 창문 주변에 쓰이기도 한다.

이것은 또 무엇인가?

장식 덕분에 우아하고 화려한 자태를 가진 아름다운 창문이 된다. 덩달아 창을 통해 들어오는 빛, 공기도 달리 보이게 된다. 이들 빛, 공기에 부드러움, 고움, 향긋함이 배어 든든하다고 표현하면 다

소 지나친 수식일까? 관악기인 호른이 연상되기도 한다. 입으로 뱉은 거친 바람이 관을 통하면서 곱고 수려한 소리로 바뀌는 구조와 닮았기 때문이다.

이 말대로 하면, 꽃과 꽃잎 장식이 있는 창은 일종의 필터다. 밖에 있는 어디나 같은 인자를 다르게, 때론 거친 인자를 예쁘게 혹은 순하게 변모시키는 필터 말이다.

한국의 전통 건축 살덧문 중에 소위 꽃살문이 있다. 나무로 된 두꺼운 테두리와 그 안에 놓인 꽃 모양으로 나무를 조각한 여러 개의 꽃살, 그 위에 발린 종이로 구성되어 있다. 필터로 보기에 더욱 알맞다. 꽃 장식이 창의 테두리에만 그치지 않고 아예 창 전체를 덮고 있

어 그렇다. 말하자면, 필터의 전형일 뿐 아니라 고성능인 셈이다.

이들 창에 장식된 꽃에 신부의 손에 들린 꽃의 의미, 수상자의 손에 들린 꽃의 의미가 씌워지면, 빛, 공기를 들여오는 일이, 그것을 누리는 일이 축복으로 느껴지기까지 한다. 창이 우리가 숨 쉴 때와 눈떠 볼 때의 기분까지, 그 일의 의미까지 챙겨 주니 참으로 착하기 이를 데 없다. 모르고 지나칠 수 있는 것을 일깨워 주니 기특하기까지 한 것이다.

꽃으로 장식되면서 아름다운 모습을 가지게 되었다. 그런데 뜯어보니 속도 꽉 차 있는 것이다. 그야말로 미모와 지성을 겸비했다 할 것이다. 우리가 눈요기할 수 있도록 해 주는 것은 덤이다.

꽃살문

벽체 대對 창문

우리에게는 '리움' 미술관, 강남 교보타워 등으로 익숙한 마리오 보타Mario Botta가 설계한 주택을 보자. 이 집 전면에는 우리에게 익숙하지 않은 창문 하나가 떡하니 뚫려 있다. 보통 집에는 창문이 여러 개 있다. 건물 안에 방이 여러 개 있고 보통 방마다 창이 하나씩은 있다. 방의 상황에 맞추어 창문의 위치, 크기를 결정한다. 그러다 보니 큰 창문 혹은 작은 창문이 방의 벽면 가운데, 혹은 왼쪽이나 오른쪽 구석에 놓인다. 반면, 이 집 창문은 이런 일반적인 형식에서 벗어나 있다. 방 하나하나의 상황에 관심이 없어 보인다. 둥근 모양의 커다란 창문, 그것도 딱 하나가 건물 한가운데 떡하니 놓여 있을 뿐이다.

이 창문은 또 무슨 이야기를 하고 싶은 걸까?

집이 하는 일은 크게 두 가지, 즉 막는 일과 통하게 하는 일이다. 이 중 막는 일을 주로 수행하는 것은 막힌 벽체다. 통하게 하는 일을 수행하는 것은 창문이다. 물론 막는 일만큼의 비중은 아닐 것이다. 커다란 벽과 창으로 된 이 집의 전면이 바로 이러한 이야기를 적나라하게 내어놓고 있는 것은 아닌가?

막힌 벽면과 커다란 창문 하나로만 구성된 이 집의 전면은, 두 단어로 이루어진 문장 같다. '막다'와 '통하다' 이것 말고 다른 군더더기는 없다. "이 두 단어 말고 집의 본질을 설명할 수 있는 다른 것이 무엇이 있겠는가?" 되묻는 것만 같다. 이 외침에서 창문이 집에서

원과 작은 사각형은 같은 면적이다.
그런데 다른 존재로 느껴진다.
주변 큰 사각형과의 관계에 그 실마리가 있지 않을까?

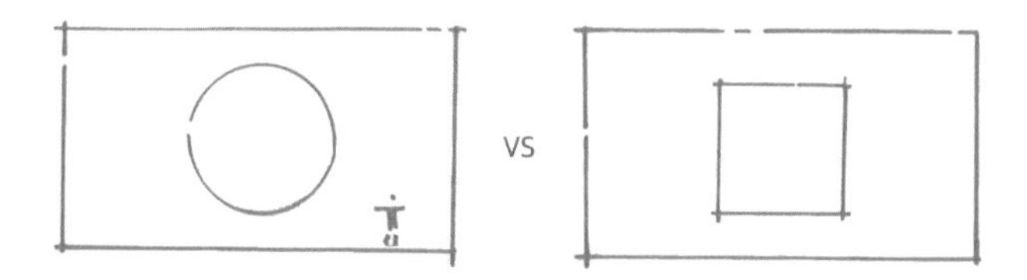

마리오 보타가 설계한 주택(스위스, 티치노)

차지하는 무게감이 절로 느껴진다.

집의 전면을 이루는 두 요소 가운데 하나인 창문의 모양이 원형이라는 점 또한 예사롭지 않다. 창문의 모양이 원형이 아니라 사각형이라면 어땠을까? 사각의 창문은 사각의 벽체와 친해지고, 자연스레 창문은 벽체에 묻히기 쉬워진다. 여기에다 창문이 가운데 있지 않고 한쪽에 치우쳐 있다면, 창문은 벽체에 치이기까지 한다. 결국 창문은 벽체에 속한 존재로 떨어지고 만다. 그만큼 자존감이 없는 창문이 되기 쉽다. 이렇게 보니, 원형은 창문 자신이 집을 이루는 두 가지 주요 축의 하나라는 뜻을 부각하기 위해 선택된 일종의 수사修辭인 것이다. "벽으로 막혀 있어 답답했다. 그래서 벽을 뚫어 창문을 냈다. 그러니 벽이 싫어한다. 자신을 훼손하니 싫겠지. 눈치가 보이니 창문 또한 편치 않겠지. 창문 주변에 예쁜 장식을 달았다. 그랬더니 벽도 창문도 좋아하더라."

침묵과 빛을 사유하는 건축가 루이스 칸Louis Kahn을 빌려, 팽팽한 긴장 관계에 있는 '창문 대 벽체' 이야기를 살짝 비틀어 보았다.

조적 벽체masonry veneer walls와 빵빵이 창문

요즘 주위에서 흔히 볼 수 있는 소위 '빵빵이 창문', 커다란 벽체에 구멍이 뚫린 듯한 창문을 한번 떠올려 보

자. 창문이 눈치를 보듯이 벽체 안에 얌전히 들어앉아 있는 것 같지 않은가? 결코 주인이 될 수 없는 창문이다. 이 창문이 벽체에서 차지하는 면적이 꽤 크다면 상황은 달라질까?

루이스 칸이 설계한, 미국의 필립스 엑서터 아카데미 도서관 Phillips Exeter Academy Library의 창문을 보자. 상층의 창문을 보면, 벽돌로 된 부분과 나무로 된 부분으로 나뉘어져 있다. 일반 건물의 2개 층 높이요 폭 또한 3미터에 달하는 큰 창문이 일정 간격으로 전체 벽체에 배열되어 있다. 얼핏 봐도, 전체 벽체 면적의 반 이상을 차지한다. 그래서 창문이 벽체에 부속되지 않게 된 걸까?

전체 벽체에서 창문이 차지하는 면적이 창문의 존재감과 관련이 있음을 부정할 수 있다. 그런데, 엑서터 도서관 앞에서 이런 지존의 대결은 참 부질없는 일로 느껴진다. 창문 크기의 차이에 초점을 맞춰 창의 배열을 보자. 특이하게도 다섯 층의 종렬은 아래로 갈수록 창문의 폭이 줄어든다. 상대적으로, 창문 사이 벽체의 두께는 아래로 갈수록 두꺼워진다. 이것이 다 무엇인가?

조적식이라는 구조 방식이 있다. 벽돌이나 돌을 쌓으면서 벽체를 이루는 구조를 가리킨다. 그중 정통 조적식에서는 이 벽체가 위층의 바닥을 받치는데, 옛날 서양 집 중 많은 집이 이런 조적식을 채택했다. 이런 경우에는 창문을 크게 낼 수가 없다. 부재 하나 하나에 하중이 실려서, 중간에 있는 부재를 마음대로 빼낼 수 없기 때문이다. 자칫 잘못하면 무너질 수 있다. 결국, 창문이 작아질 수밖에 없다. 바로 이런 이유 때문에, 벽돌이나 돌로 지은 옛날 서양 집의 창

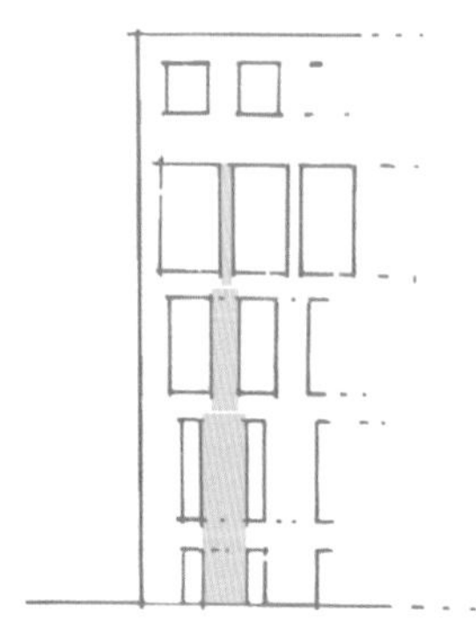

아래로 갈수록 창문의 폭은 좁아지는 반면,
벽체의 폭은 넓어진다.

루이스 칸이 설계한, 미국의 필립스 엑서터 아카데미 도서관(미국, 뉴햄프셔주)

문이 대체로 크지 않은 것이다.

다시 도서관으로 돌아가자. 이 건물은 정통 조적식이 아니다. 반만 조적식이다. 벽돌 안쪽에 콘크리트 구조물이 따로 있어 이 구조물이 건물 바닥의 무게를 받친다. 즉, 밖에 있는 벽돌은 이들 무게와 무관하다. 그래서 이처럼 창문을 크게 가져갈 수 있는 것이다.

그렇다고 벽돌로 된 벽체가 모든 하중으로부터 자유로운 것은 아니다. 자중自重, 즉 위로 쌓이면서 생기는 벽돌 자신의 무게는 스스로 견뎌야 한다. 건물이 4~5층 높이로 올라가면, 아래 부재에 걸리는 무게가 만만치가 않다. 이를 보완하려고 보통 특별한 장치를 한다. 층의 곳곳에 수평의 철물 부재를 달고, 이 부재 위에 벽돌을 올려놓는다. 그 덕택에 아래의 부재가 조금은 숨을 돌릴 수 있다. 위에 놓인 부재들이 누르는 모든 무게를 견뎌내지 않아도 되기 때문이다. 커다란 벽면을 이루는 벽돌들이 쏟아져 내린 사고를 종종 뉴스로 접하는데, 그건 바로 이러한 장치를 제대로 안 해서 생긴 사고다. 하지만 이 장치는 보조 수단일 뿐이다. 위에서 누르는 무게를 일부 덜어 줄 뿐이다. 아래에 있는 부재는 여전히 위에서 누르는 무게에 대한 부담을 진다. 그 부담이 아래로 가면 갈수록 커진다.

이야기가 조금 길었다. 다시 도서관의 벽으로 가 보자. 이런 상황인데도, 창이 아래쪽까지 쭉 같은 폭을 고집했다면 어땠을까? 아래에 있는 벽돌들은 꽤 고통스러웠을 것이다. 그것이 곧 벽체가 겪는 고통이었을 테니. 거꾸로, 벽체 역시 두께를 포기하지 않으려 할 것이다. 그랬다면 지금처럼 큰 창문이 나올 수 없었을 테다.

슬슬 실마리가 잡힌다. 이 집 창문이 어떤 마음으로 어떤 짓을 하고 있는지 말이다. 벽체를 살핀 것이 아닌가. 힘을 덜어 주었을 뿐 아니라 정체성을 잃지 않도록 해 주었다. '공존의 정신'이라 할 것이다. 건물을 완성해 가는 파트너로 상대를 인정하는 균형 잡힌 공존 말이다. 이럴 수 있을진데, 무슨 창호와 벽체 간에 주부 관계를 따지고 앉아 있겠는가.

창문 자신은 웬만히 필요한 만큼 크기를 다 가졌다. 이뿐 아니다. 벽체가 그림을 빛내는 액자처럼 보이게까지 하는 이미지도 얻었다. 아래로 갈수록 폭이 줄어드는 창문에서 이런 영민함도 묻어 나온다.

벽체를 뚫고 나온 창문인가,
창문을 배려하는 벽체인가

마치 둥근 바가지를 엎어 놓은 것 같은 집이다. 벽체 군데군데 각기 다른 크기의 둥근 창문들이 나 있고, 막힌 벽체와 창문이 접한 부분들이 하나같이 부풀어 오른 듯이 바깥쪽으로 튀어 올라 있다.

자, 이 부풀어 오른 부분을 창문의 일부로 보아야 할까? 막힌 벽체의 일부로 보아야 할까?

이런 상상을 해 보자. 뜨거운 가스가 용암의 표면을 뚫고 나오면서 불룩 솟은 흔적을 만들듯이, 무언가가 벽체 안에서 뚫고 나와 구멍이 생겨 벽체가 변형되면서 창문이 생겼다고.

이러면 창문은 엄청난 힘을 가진 적극적인 존재인 반면, 벽체는 어쩔 수 없이 보고만 있어야 하는 무력한 존재가 된다. 이럴 때 창문은 그저 뚫려 있는 데 머무르지 않고 밖으로 내밀고 나온 놈, 그러면서 자신의 존재를 알리고 있는 놈이 된다.

이런 상상은 어떤가. 빽빽한 지하철 안에서 어린 아이, 나이든 어르신이 숨 막히지 않도록 주변 사람들이 그 곁을 틔워 주듯, 벽체가 몸의 한 부분을 내어주면서 구멍이 생기고, 여기에 더해 벽체가 몸을 내밀어 창문이 도드라지도록 하면서 창문의 모양을 완성하는 모습. 이렇다면 벽체는 결코 무력하지 않다. 내어주는 벽체다. 벽체와

다니엘 그라탈루프Daniel Grataloup가 설계한, 둥근 바가지를 엎어 놓은 것 같은 집(스위스, 제네바)

창문은 태생적으로 서로 대립할 수밖에 없는데, 이러한 벽체라면 상대를 무시하지 않는 마음, 이를 뛰어넘어 상대를 챙겨 주기까지 하는 따뜻한 마음을 가진 벽체가 된다.

가우디Antoni Gaudí가 설계한 카사 밀라Casa Milà의 벽체 역시 왠지 창문에 마음을 내어주고, 건물에 숨을 틔워 주는, 그런 배려심 깊은 벽체처럼 보이는 건 그저 나만의 느낌일까?

내 할 일 하는 벽체와 창문

창문과 벽체의 독특한 공존 방식을 말할 때, 우리 옛날 집의 창문을 빼놓을 수 없다.

우리 옛날 집은 애초에 벽체와 창문이 서로 싸울 이유가 없게 지어졌다. 자기 자리가 딱 정해져 있다. 우리 옛날 집의 뼈대는 나무가 주재료다. 집이 온전하게 서 있을 수 있게 버텨 주는 뼈대다. 사람이 들어가 살 공간을 만들어 주는 동시에 그 공간이 유지될 수 있도록 받쳐 준다. 뼈대를 이루는 부재로 기둥과 보가 있는데, 이들 사이에 벽체와 창문이 들어선다. 이때 창문 혹은 문의 옆에 그리고 위에 뼈대의 일원인 또 다른 나무 부재가 놓인다. 인방, 샛기둥(한국 전통 건축 용어로는 벽선, 웃틀, 밑틀)이라 불리는 부재다. 이들 부재들에 의해 창문이 들어설 자리, 벽체가 들어설 자리가 구분된다. 이렇듯 창문과 벽체 사이에 나무로 선을 그어 놓으니, 서로 부닥칠 일이 없는 것이다.

가우디가 설계한 카사 밀라의 벽체(스페인, 바르셀로나)

둘 중 누가 누구에게 종속됐는지 아닌지 따지기는 힘들다. 누가 돕고 누가 도움을 받는 관계로 보기도 힘들다. 굳이 관계를 규정하자면, 정해진 자리에서 각자 자신의 역할을 충실히 수행해 가는 일종의 분업 관계라 할 것이다. 하나의 목적을 위해 각자의 재능을 필요한 곳에서 발휘하는, 동등한 지위를 가진 파트너 관계 말이다.

구분이 모호한 벽체와 창문

전체가 유리로만 되어 있는 건물을 보자. 이 건물의 유리 면은 벽체인가, 창문인가?

사실 이를 딱 구분지어 말하기는 힘들다. 벽체와 창문의 관계 또한 규정하기 힘들다. 굳이 표현한다면, 서로 섞여 중화된 관계라 할 수 있을까?

조금 억지를 부려, 유리 면을 모두 창으로 본다면, 자신이 벽체의 역할까지 도맡겠다고 나선 당돌한, 그만큼 똑똑한, 능력 있는 창문이라 표현할 수 있을 테다.

이 배후에는 기술 발전에 의한 유리의 진화라는 자산이 있다. 특수 열처리를 통해 웬만한 충격에도 유리가 잘 버틸 수 있게 되었다. 유리를 두 장 혹은 세 장 겹쳐 사이에 공기층을 두고, 거기에 가스를 집어넣어 바깥의 더운 공기, 찬 공기도 방 안으로 들어오기 힘들게, 방 안의 공기 또한 바깥으로 나가기 어렵게도 하였다. 여러 겹의 유리, 공기층, 가스 등은 모두 통하는 일을 제한한다. 옷을 여러 겹 껴입을 때, 옷 그리고 그 사이사이의 공기층이 통하는 일을 제한하는 것과 같은 이치다. 심지어 유리와 유리 사이에 특수한 필름을 대서 자외선을 막기도 한다. 이런 저런 기술을 동원해, 결국 유리만으로 공간을 싸고 있어도 그다지 문제가 없는 수준까지 이른 것이다.

전체가 유리로만 되어 있는 건물. 프랑스 국립 도서관(프랑스, 파리)

창문은 사람과 세상 사이에 놓인다. 이 창문이 세상과 사람 사이에 관계를 맺어 준다. 통하게 하여 서로를 이어 주는 것은 기본이다. 이를 넘어, 사람과 세상, 이 둘의 관계를 끈끈하게, 혹은 아주 특별하게 만들어 주기도 한다. 유리가 여기에 한껏 힘이 되어 준다.

유리로만 된 집이 만드는 특별한 관계

거의 유리로만 된 또 다른 집, 미스 반 데어 로에Ludwig Mies van der Rohe가 설계한 판스워스Farnsworth 하우스를 보자. 이 집을 보면 흔히 "자연 속에 들어 앉은 기분이겠네." "정말 시원스럽다."라는 감탄사가 절로 나올 텐데, 이는 "저만큼 풍성하게 세상과 관계를 가지는 경우가 또 있을까?"라는 표현에 다름 아닐 것이다.

유리로만 된 집 역시 다른 창처럼 막기도 하고 통하게도 한다. 그런데 단 하나, 보는 것과 보이는 것, 즉 시야는 막지 않는다. 거의 무제한으로 통하게 한다. 집 안과 바깥세상을 보다 강력하게 연결한다.

이러한 관계를 무엇이라 규정할 수 있을까?

바깥에 최대한 가까워지려는, '바깥화化되려는 안'이라 할 수 있다. 이럴 경우, 사람이 안에 머물면서도 바깥을 따로 존재하는 세상으로 느끼기 어렵다. 마음만으로는 세상과 아예 경계가 없을 수도 있다. 일단 모두 통하게 한 뒤, 딱 필요한 만큼만 막는 처세라 할 법하다. 일종의 '거르기'다. 체에 비유될 수 있다. 많은 것이 덜 걸러지는 살이 매우 성긴 체에 해당한다고 할 것이다.

이 집 역시 유리면을 창으로 보아도 무방하다. 창이 이럴 수도 있다는 점에 주목하지 않을 수 없다. 세상을 상대로 이리 독특한 짓을 하고, 그 결과로 세상과 그리 독특한 관계를 만들어 내고 있으니 말이다.

자신이 벽체의 역할까지 도맡겠다고 나선 판스워스 하우스(미국, 일리노이주)의 창문

우리 옛날 집 창문의 거르기

우리 옛날 집에는 소위 살문이라는 것이 있다. 얇은 나무로 된 살과 그 위에 붙어 있는 창호지로 이루어진 살문에서 다른 형태의 '거르기'를 볼 수 있다. 앞서 이야기한 거르기와는 방법과 결과가 참 많이 다르다.

먼저, 살을 보자. 살문을 이루는 얇은 살과 살 사이의 공간을 통해 빛, 소리, 공기, 열 등이 들락거릴 수 있고, 살이 있는 부분만큼은 이들 인자들이 제대로 들락거릴 수 없다. 또한, 살은 센 바람이나 빗물 등 외부 충격을 막아 준다. 어설프기는 하지만 외부인의 침입도 살짝 막는다. '거르기'를 하고 있는 것이다.

창호지는 어떤가? 빛, 소리, 공기, 열 모두 들락거릴 수 있다. 그런데 완전히 자유롭지 않다. 창호지를 통과해야 하기 때문이다. 그러는 중에 일정 부분 통행이 저지된다. '거르기'가 이루어지고 있는 것이다.

흔히 우리 옛날 건축물을 보며 사람을 편안하게 해 준다고들 하는데, 이는 살문의 거름 작용과 무관하지 않다. 콕 집어 말하면, 창호지가 가진 빛을 거르는 능력과 관련이 있다. 전등에 반투명 갓을 씌운 듯 은은한 분위기를 만드는 창호지 덕이 크다. 창호지가 안으로 들어오는 빛을 뿌옇게 만든다. 사물의 모습도 마찬가지다. 전체가 아니라 실루엣만 들어오게 한다. 나머지 대부분은 거른다.

일반적으로 조명 방식은 크게 직접 조명과 간접 조명, 두 가지로 나눈다. 직접 조명은 광원이 노출되어 눈에 직접 닿는 방식을 가리키며, 간접 조명은 광원이 가려져 벽, 천장, 혹은 기타 기구 등에 빛을 반사해 방을 밝히는 방식이다.

얇은 살과 창호지로 이루어진 살문

직접 조명과 간접 조명으로 만들어진 빛은 질감이 서로 다르다. 굳이 구분을 하자면, 하나는 동적이고 생동감이 있으며, 다른 하나는 정적이고 안정감이 있다. 말하자면, 살문이 딱 간접 조명 장치인 셈이다. 처마의 역할을 빼고 갈 수 없다. 처마가 어느 정도는 빛이 직접 살문에 닿지 않도록 가려 주고 있으니, 처마는 간접 조명 보조 장치쯤 된다 할 것이다.

어떤가? 유리로만 된 집과 비교하면 아주 딴판이지 않은가. 오히려, 세상과 직접 닿지 않게 하는, 세상과 거리를 두려 하는 거르기 아닌가?

옛날 집의 살문을 통한 이런 거르기는 색다른 형태의 '사람과 세상 간의 관계'로도 이어진다. 세상을 슬쩍 밀쳐 내고 아울러 자신의 안위安慰를 챙기려는, 무척 내향적이기도, 자기중심적이기도 한 것이 된다.

주변 사물을 세세하게 보기 어려울 만큼 방안이 어두울 수도 있다. 이를, 명상하면서 눈을 감았을 때의 조건과 같은 선상에 놓고 봄은 어떨까? 완전한 일치는 아니더라도, 방향만큼은 서로 닿아 있지 않은가? 바깥으로부터 정보를 차단한 채 내면에 집중하려는 것과 세상과 거리가 두어지면서 내 안에 집중할 수 있는 것이 향한 방향 말이다.

세상과 시시각각 함께 호흡할 수 있게 하는 창문, 분합문

창문은 대부분 자유롭게 열고 닫고, 그 정도를 조절할 수 있도록 되어 있다. 이 덕에 내 의지대로 필요에 따라 밖에 있는 것을 받아들이고 나가게 할 수 있다. 다른 말로 하면, 세상과 교류하는 정도를 조절할 수 있다. 기분에 따라, 몸의 컨디션에 따라 그 양을 조절할 수 있다. 그런데, 이에 더해 그 교류의 대상도 조절할 수 있다면 어떨까? 필요한 대상만 받아들이고 나가게 한다면, 세상과 교류는 더더욱 세밀해질 테다.

이런 모든 특성을 우리 옛날 집 대청마루의 변을 쭉 따라 놓인 분합문에서 확인할 수 있다. 분합문은 살펴보면 살펴볼수록 재미난 구석이 많은 녀석이다. 앞으로 밀어 열기도 하고, 이들을 포개어 위로 젖혀 올려놓을 수도 있다. 보통 두 짝이 한 조인데, 이 분합문이 대청의 앞뒤 두 면에 설치되거나 옆을 포함해 세 면에 설치되기도 한다.

여기서 주목할 점은, 몇 개의 분합문을 각각 열고 닫고 젖혀 올리는 데 따라 다양한 경우의 수가 생긴다는 것이다. 문 모두를 다 걸어 올려놓을 수도 있고 반대로 내려서 펼쳐 놓을 수도 있다. 많은 문 가운데 한 조, 즉 두 짝만 내려서 펼쳐 놓고 나머지는 모두 걸어 올려놓을 수도 있다. 앞쪽, 뒤쪽, 옆쪽 세 조를 가지고도 꽤 많은 조합이 가능하다.

달리 말하면, 상황에 따라 자기 마음대로 유연하게 환경을 조성할 수 있다는 뜻 아닌가? 추울 때는 문을 모두 내려서 펼치고, 더울 때는 모두 활짝 열어 위로 걷으면 된다. 겨울 낮에 따뜻한 햇볕이 그리우면 남쪽의 문을 열어 위로 걷고, 오후 늦게 석양이 싫으면 서쪽의 문을 내리면 된다. 너무 답답해 시야를 확보하고 싶다면 그중 일부를 밀어 열면 된다. 이렇듯 주변 상황에 따라, 혹은 기분에 따라

우리 옛날 집 대청마루의 변을 쭉 따라 놓인 분합문.
문 모두를 다 걷어 올려놓을 수도 있고 반대로 내려서 펼쳐 놓을 수도 있다.
경우에 따라서는, 문 일부만 그리할 수도 있다.

내 입맛대로 내 환경을, 조건을 만들어 갈 수 있다. 내부의 상황에 따라 수시로 조건을 가져갈 수 있다.

아침, 점심, 저녁이 다르고 하루하루가 다르다. 시시각각 상황이 다르다. 거기에 알맞게 바로바로 조치를 취할 수 있다. 집 전체가 통유리로 가로막힌 채 공기 정화 시스템에 거의 모든 것을 맡긴 첨단의 아파트와 비교하면, 달라도 너무 다른 세상임이 실감날 것이다. 세상이 나의 바깥에 존재하는 대상, 그저 그런 상대, 물리쳐야 할 상대가 아니라, 상태를 면밀하게 살피고 호흡을 맞추면서 살아가는 아주 가까운 존재가 된다. 말 그대로, 아주 끈끈한 관계를 맺는 상대가 된다. 이렇게 또 영특하고 민첩한 창이 있다.

세상과의 관계를 돌아보게 하는 창문

루이스 칸이 설계한 주택에 아주 특이한 구조를 가진 창이 있다. 창이 여러 개로 쪼개져 있으며, 각각 그 조각의 크기가 다르다. 그러면서 창이 안팎으로 들쑥날쑥하다. 이런 창문이 거의 모퉁이 전체를 차지하고 있다.

이를 두고, 두 전력戰力이 맞서고 있는 전선戰線을 상상해 보면 어떤가? 지붕, 바닥, 벽, 창이 집의 외피이고 전선이 된다. 이를 경계로 안과 밖, 두 세력이 충돌하고 있다. 전선 중에 교전交戰이 심한 곳이 있을 텐데, 창문 쪽이 그러하다. 특히 이 집 창문은 더욱 그렇다.

일부 나무 판재로 막힌 부분이 있는데, 이것을 포함해 전체를 창으로 보자. 그러면 하나의 창에 막힌 부분, 크게 뚫린 부분과 작게 뚫린 부분, 더 작게 뚫린 부분이 함께 있다. 밀려 들어온 부분도 있고 그중 막힌 부분도 있다. 또, 그중에서도 크게 뚫린 부분과 작게 뚫린 부분이 있다. 창의 안과 밖이 치고받으며 제대로 한판 붙는 모양새다.

시각을 조금 달리하면, 안과 밖의 상태를 적대적인 교전 상태가 아니라 우호적인 활발한 교류交流로 볼 수도 있다. 덜 내어놓거나 조금 덜 내어놓고, 더 내어놓거나 조금 더 내어놓고, 더 들여오거나 조금 더 들여오고, 덜 들여오거나 조금 덜 들여오면서 안과 밖이 서로 맞물려 활기차게 주고받는 모양새로 말이다.

사실 싸움과 교류 가운데 어느 하나가 정답이라기보다는, 두 가지 모두 공존하고 있다고 봐도 무방하다. 햇빛이 해가 될 때도 있고 득이 될 때도 있듯이, 세상만사 어디 한 얼굴만 있겠는가.

잠깐! 창 한쪽에 다소곳이 자리를 잡은 의자의 모양새가 참 압권이지 않은가? 치열한 교전, 활발한 교류의 한복판에 사람을 끌어들이는 듯한 품이랄까. 바깥에서 아무리 비바람이 친들, 저 자리에 앉아 있으면 그저 조용하지 않을까? 혹여 궁금함에 조심스럽게 창을 연다면, 관망을 넘어 몸으로 체험할 수 있는 치열한 교전, 활발한 교류의 현장에 놓일 테다. 세상에 벌어지는 이런저런 사태를, 더불어 그와 물려 있는 나 자신을 직접 느끼며 말이다.

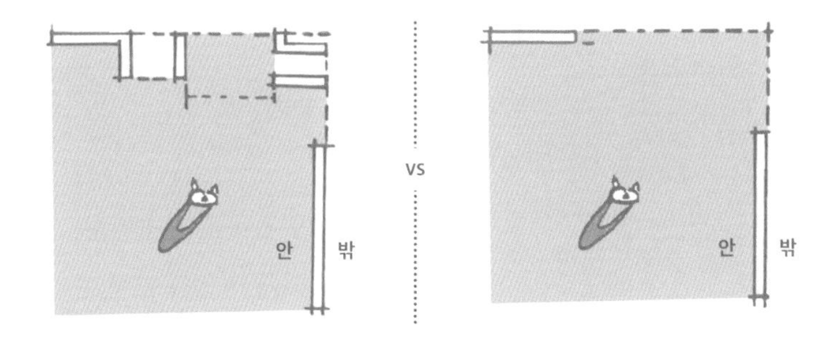

왼쪽이 오른쪽보다 안과 밖이 서로 맞물려 주고받기를 한다.
마치 창의 안과 밖이 치고받으며 제대로 한판 붙는 모양새다.

루이스 칸이 설계한 주택 피셔 하우스Fisher House(미국, 펜실베이니아주)

부부 사이를 도와주는,
속 깊은 친구 같은 창문

모든 창문은 일정한 형태를 가지면서 그 형태로 무언가 말하고 있다. 여태껏 살핀 창의 특성들을 모두 따지고 보면 이 말과 다름없다. 그런데, 이와는 조금 다른 부류의 창이 있다. 일정한 소재나 줄거리가 있는 제법 구체적인 이야기를 몸으로 만들어 내어놓고 있는 창이 있다. 마치 방금 마신 믹스 커피의 달달함을 누구에게인가 전하고 있는 사람처럼 말이다.

피터 아이젠만Peter Eisenman이 설계한 '프랭크 레지던스Frank residence(하우스 6)'라는 집을 보자. 이 집 침실에 흥미로운 창이 하나 있다. 부부가 사용하는 것으로 보이는 두 개의 침대 사이에, 아주 좁은 폭의 창문이 머리를 대는 쪽 벽에 위아래로 길게, 천장까지 이어져 나 있다. 두 침대 사이에 선을 긋고 있는 모양새다.

도대체 이 창문은 무슨 이야기를 하고 싶은 걸까?

부부가 침대를 따로 쓰는 경우를 가끔 본다. 잠자리가 불편한 것이 가장 주된 이유일 테다. 상대방과 뒤엉켜 잠을 방해받거나, 상대가 잠을 쉽게 못 이루어 뒤척이며 내 수면을 방해할 때, 혹은 상대가 늘 술을 먹고 와서 냄새를 피워 도저히 잠을 이룰 수 없을 때, 차라리 따로 침대를 쓰는 게 낫겠다 싶은 적이 한두 번은 있지 않은가. 그렇다 한들, 침대를 따로 쓰자고 제안하기는 쉽지 않다. 이기적으로 비치지는 않을지, 애정이 부족한 것으로 이해되지는 않을지, 속이 좁게 보이지는 않을지, 극단적으로는 이런 제안이 별거의 전단계로 받아들여지지는 않을지… 별별 생각이 다 든다.

이런 쉽지 않은 이야기는 누군가 대신해 주거나 곁에서 거들어 주면 참 좋겠다는 생각이 든다. 혹, 저 사진 속 창문이 그런 속 깊은 친구의 역할을 해 주고 있는 건 아닐까? 만약 창문의 폭이 지금보다 4~5배쯤 크다면 어떨까? 곁에서 있는 듯 없는 듯 도와주는 친구가 아니라, 세상사람 다 들으라는 듯이 큰 소리로 훈수 두는 친구 같아서 원망스러울 수도 있다. 물론 속뜻은 그렇지 않더라도, 갈라서라는 말로 이해될 수도 있고.

피터 아이젠만이 설계한 '프랭크 레지던스'(미국, 코네티컷주)

다행히 그러지 않고 있다. 도를 넘어서지 않고 알맞게 둘 사이를 중재해 준다. 속된 말로 오버하지 않고 있다. 티 나지 않게 가름을 하는 적절한 폭의 창문, 천장 전체로 뻗어 있지 않고 슬쩍 뻗다 만 이 집 창문은 의사 표시는 하되 강하게 주장하지 않고, 그래도 넌지시 할 말은 하는 수완까지 갖춘 진정 속 깊은 친구에 견줄 만하다.

빛으로 신을 이야기하는 창문

일본 건축가 안도 다다오가 지은, 일명 '빛의 교회'를 보자. 본당 제단 뒤쪽에 밝게 빛나는 십자가가 있다. 그런데 자세히 보면 그것이 창이다. 동네 교회의 바깥이나 실내에 있는 십자가는 보통 금속, 혹은 나무로 만들어졌다. 그런데 '빛의 교회'는 창을 통해 들어오는 빛이 십자가를 그리고 있는 것이다. 창이 마치 '이 빛은 어디서 오는가? 바로 하늘이 아닌가? 그러면 하늘과 그리스도의 십자가가 따로 일 수 있는가?'라고 묻고 있는 듯하다. 그리고 이어 '그렇다면 여기는 어떤 곳인가?'라고 되묻고 있는 듯하다. 길면 길 수 있는 줄거리를 짧게, 살짝 돌려 이렇게 이야기하고 있다.

세상 무엇보다 흔한 것이 빛이다. 빛 속에 '십자가', '하나님'이 있는지 대개 모르고 산다. 창문이 나서 이것을 드러나게 했다. 꽤 탁월한 작문 실력을 지닌 창이라 할 것이다. 뻔히 보이는 것을 조합해서 지어내는 수준을 넘어서기 때문이다.

안도 다다오가 지은
'빛의 교회'(일본, 오사카)

'구별하지 말자'라고 말하는 창문

미국 로체스터 시에 있는 제1유니테리언 교회The first Unitarian Church 본당을 보자. 천장에 창이 있다. 소위 천창이다. 이 천창들을 통해 빛이 들어오게 되어 있다. 크게 두 가지가 눈에 띈다. 천창이 네 귀퉁이에 있는 점, 각각의 천창이 똑같은 모양을 하고 있는 점이다.

본당을 둘러보면서 한 가지 공통점을 발견하게 된다. '차이'를 없앤 것이다. 강대상부터 그렇다. 강대상이 옛날 교실의 교단을 떠올리게 하는 낮은 단으로 되어 있다. 그러다 보니, 강대상이나 나머지 공간이나 크게 차이가 없다. 바닥이 정사각형이다 보니 4개의 변이 같고, 변에 세워진 4개 벽체 또한 크기도 모양도 거의 같아 서로 간에 크게 차이가 없다. 천창은 4개 모두 모양과 크기가 아예 똑같으니 더 말할 필요가 없다.

혹, 이 공통점이 유니테리언과 연관이 있는 것은 아닌가? 그럴 소지가 다분하다. '차이를 없애는 것'과 유니테리언 이념의 골자라 할 수 있는 '인간의 모든 믿음의 다양함을, 믿음 하나하나를 모두 인정하는 것'은 서로 맥이 통한다. 이렇게 보면, 천창을 비롯한 바닥과 벽이 바로 이 교회의 정체에 대해 한목소리를 내는 셈이 된다.

천창의 위치 역시 여기에 코드가 맞추어져 있다. 우리는 알게 모르게 중앙과 귀퉁이 간에 차등을 둔다. 귀퉁이를 상대적으로 열등한 것으로 취급한다. 이것을 깨트리고 있다. 4개 귀퉁이에 힘을 실으면서 무게의 균형을 맞추고 있다. '차이를 없애는 것'의 일환이다. 우리 머릿속에 자리하고 있는 차별의식까지를 이렇게 조율하고 나서면서 더욱 탄탄한 목소리가 되었다.

네 귀퉁이의 천창 덕분에
사방에 동일하게 빛이
비추어지고 있다.

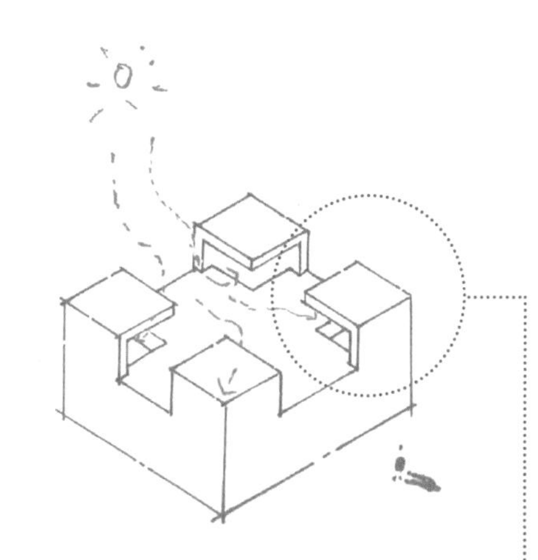

미국 로체스터 시에 있는 제1유니테리언 교회 본당(미국, 뉴욕주)

두 번째 사연, 방

천정까지 닿는 벽, 낮은 칸막이 벽은 물론이고, 심지어 바닥, 천정조차 모종의 처리를 통해 공간을 구획한다. 이렇게 나누어진 공간 중 구획이 어느 정도 뚜렷하여 단일 공간으로 인식될 수 있는 내부의 공간을 통틀어 방이라 규정했다. 거실, 부엌, 화장실, 현관, 마루 더 나아가 업무용 건물의 로비, 사무실, 복도 등도 모두 방에 포함시켜 보려 한다. 이를 전제로 2장 〈방〉과 3장 〈방의 배열〉을 풀어 가려 한다.

방은 단순히 몸을 온전히 지키는 것을 넘어, 우리가 심심하지 않게, 내밀한 즐거움을 누리게도 해 주고, 섬처럼 세상 속에 외롭게 세워 두는 것이 아니라 세상과 포옹하며 살게도 해 준다. 우리 대부분이 그 혜택을 두루 누린다. 그런데 그 혜택의 크기가 사람마다 다를 수 있다. 그 혜택의 몫을 키우기 위한 몸놀림을 제안해 본다.

'두리번거리는 것이다.' 그리고 '돌아보는 것이다.' 어떻게? 지금껏 많은 시간 그랬듯이 이 순간에도 어느 한 형태의 방에 있을 것이다. 그 방의 벽체를, 창문을, 출입문을, 가구를 보고, 아울러 자신 입장을 한번 돌아보자. 방 넘어 다른 방을, 뜰을, 멀리 산을, 하늘을 보고, 그 안에 머무는 피조물인 다른 사람, 나무, 새를 보고 아울러 자신 입장을 돌아보자. 그리 어렵지도 않은 이 몸놀림을 무술의 품새처럼 몸에 익히면 더 이상 늘 그저 그런 방이 아닌게 될 수 있다.

세상과의 관계를 만드는 틀

조금씩 차이는 있지만 요즘 아파트의 방도 우리 옛날 집의 방도 결국, 특별한 경우가 아니면 네 면의 벽과 천장, 바닥으로 이루어진 육면체로 큰 꼴은 같으나, 우리와 세상 사이에서 이들 방이 하고 있는 짓은 조금 다르다.

일단 우리 옛날 집의 방부터 살펴보자. 드라마나 영화를 보면, 길게 수염 기른 영감님이 뒤에 병풍을 치고 바닥에 두터운 요를 깔고 앉아 조그만 탁자 위에 책을 올려놓고 폼 잡고 있는 장면이 익숙하게 나온다. 바로 그 일이 벌어지는 벽면, 우리 옛날 집에서 그 면은 대부분 막혀 있다. 사람들은 주로 이 막힌 벽면 부근에 앉아 생활했다. 왜 이런 자세가 나오는 걸까? 다 나름의 이유가 있다. 옛날 집의 난방 시스템인 '구들' 때문이다. 구들 시스템에서 방바닥은 주로 돌(온돌, 구들

옛날 집의 방

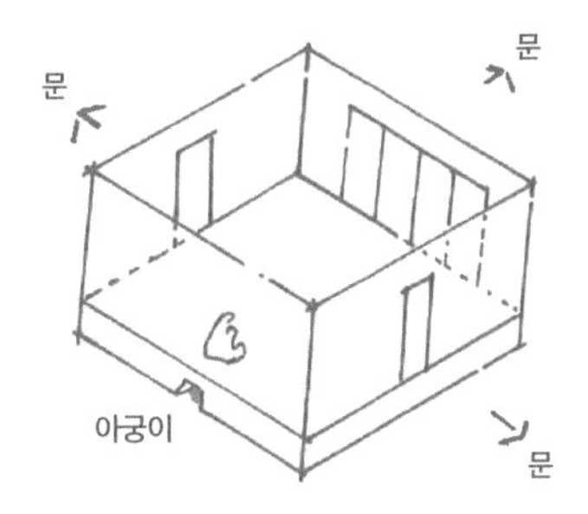

현재 우리가 사는 방

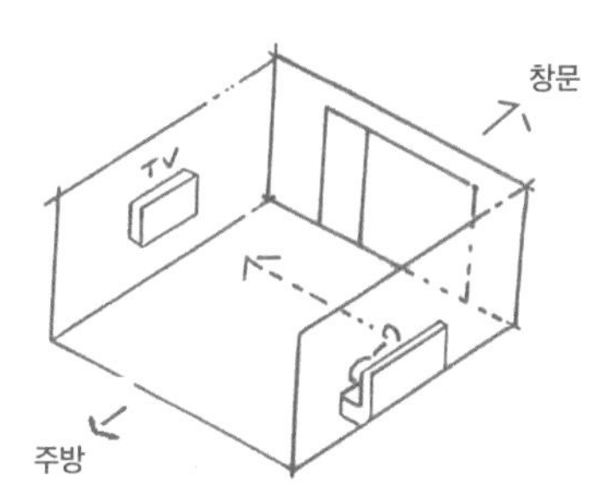

장)로 이루어져 있고 바깥에는 아궁이가 설치되어 있어, 이 아궁이에 불을 지피면 그 열기가 돌 아래 공간(고래)을 통해 들어가 돌이 데워진다. 그런데 이런 구들 시스템에는 한계가 있다. 아궁이 근처, 즉 불과 가까운 곳과 먼 곳 사이에 온도 차이가 생긴다. 가까운 곳은 따뜻하나 멀리 갈수록 그렇지가 않다. 흔한 말로 '윗목' '아랫목'의 구분이 여기서 나온 것이다. 방의 주인, 집의 실질적인 권력자는 주로 이 따뜻한 아랫목에 머문다. 이 아랫목의 위치가 바로 막힌 벽 부근이다. 아궁이가 벽 바로 바깥쪽 혹은 바로 옆쪽에 있기 때문이다. 벽면 수행을 하는 것도 아니고 사람이 앉아 생활하는데 코앞에 벽을 두고 있을 수는 없으니. 당연히 벽을 등 뒤에 두고 앉을 테고.

이러면서 방향이 생겨난다. 막힌 벽면이 뒤쪽이 되고 자연스럽게 앞쪽, 옆쪽이 생겨난다. 막힌 벽 말고 나머지 세 개의 벽면에 창호를 내면, 벽을 등지고 나머지 세 면에서 각기 다른 세계를 대하게 된다.

현재 우리가 사는 방은 어떤가? 물론 방향은 있으나 우리 옛날 집의 방처럼 뚜렷하지도, 일정하지도 않다. 또한, 가구에 크게 좌우되기도 한다. 거실을 보자. 막힌 두 벽면이 서로 마주 보는 구조로, 벽면 중 한 곳에 긴 소파가 놓이고 다른 벽면에는 텔레비전이 놓이는 경우가 일반적이다. 꼭 텔레비전을 시청하지 않더라도 긴 소파에 앉아 생활하는 시간이 많다. 소파가 기대고 있는 벽면이 뒤가 되고 텔레비전이 놓인 면이 앞이 되는 셈이다. 자연스럽게 커다란 창문이 있는 쪽이 옆이 되고 거실로 진입하는 쪽이 또 다른 옆이 된다. 혹여 작은 소파가 창을 바라보는 쪽에 놓였다면, 앉은 사람을 기준으로 창이 있는 쪽이 앞이 될 테다.

굳이 방과 함께 '방향'을 끄집어내어 이리 따지는 이유가 있다. 사람은 고유한 신체적 조건을 가졌다. 그에 따라 위와 아래, 앞과 뒤, 옆이 존재한다. 이런 사람이 어딘가에 자리를 잡으면 그에 따라 세상이 새로이 조직된다. 사람을 중심으로 해서, 왼쪽에 있는 태양이, 오른쪽에 있는 산이, 앞에 있는 강이, 뒤에 있는 나무가 된다. '사람을 중심으로 세상이 재조직된다' 할 수 있다. 이 재조직을 하는 데 방의 역할이 지대하다. 방향을 정해 주기 때문이다. 이를 보기 위해, 앞에서 방이 방향을 다르게 만들어 가는 다른 두 가지 사례를 살핀 것이다.

'정위定位'. 몸의 위치나 자세를 정하는 일을 가리킨다. 달리 풀어 말하면, 널리 펼쳐진 세상 속에서 내 자리를 잡고, 세상을 어떻게 대할지 결정하는 일이다. 앞의 두 사례에서 각기 다르게 '정위'하고 있는 것은 이와 닿아 있다. 정위 안에는 '세상을 떠돌거나, 세상과 겉돌지 않고 아울러 세상과 아주 끈끈한 관계 속에서 살아갈 수 있다'는 기대가 포함되어 있다. 두 사례 중 하나는 이 기대치에 다소 못 미친다. 옆에 들어선 건너편 아파트 틈 사이로 아주 살짝 보일 듯 말 듯한 북한산 자락 가지고는 명암도 내밀기 어렵다.

'TV 속에서 온갖 세상일 다 벌어지는데 무슨 말인가?'라고 외치면 할 말 없다. 이런 사람에게 〈설중방우도〉를 내밀고 싶다. 그러고는 이렇게 되묻고 싶다. "산, 저기 어디에 있을 법한 마을, 거기에서 온 듯한 손님, 그가 타고 온 듯한 소, 나무 그리고 추위, 햇볕까지 모두 방 안에 있을 주인과 연관되어 보이지 않은가?" "이쯤 되어야 제대로 정위하고 있다고 하지 않겠나?" 혹시 조금이라도 알아듣는 것 같으면, 이렇게 또 방점을 찍고 싶다. "방을 매개로 사람을 중심으로 세상이 재조직되는 것을 보여 주는 좋은 사례 아닌가?"

현재 우리가 사는 방과 달리 우리 옛날 집의 방 3면이 외기에 면하고 있는 점이 예사롭지 않다. 애초 '정위'의 잠재력을 가지고 있는 것이다. 처음부터 재조직을 염두에 둔 걸까 아니면 어쩌다 나온 걸까? 뒤에 나오는 향단(61쪽)의 오지랖에 '정위'를 겹쳐 보면 완성도가 꽤 높아지는 것을 알 수 있다. 그리고 한 가지 답을 얻게 된다. 적어도 어쩌다 나온 것은 아니라는.

설중방우도

고마워해야 할 '내 방'

네 방, 내 방… 지금은 어느 정도 익숙한 말이 되었지만, 사실 '내 방'을 가져 본 역사는 그리 길지 않다.

내 방을 가진다는 것, 그러니까 혼자 방을 쓴다는 것이 30여 년 전인 1980년대만 해도 보통 사람은 쉽게 생각할 수 있는 일이 아니었다. 경제 사정이 그리 넉넉하지 않았을뿐더러, 자식이 기본 셋 이상에 부모를 모시고 사는 경우도 흔해 지금과 달리 가족 구성원의 수가 많았기 때문이다. 사정이 이러니 아주 특별한 계층을 빼고는, 자식들이 각자 방 하나씩을 가지기는 힘들었다.

여자 혹은 남자 형제끼리 방 하나를 같이 쓰는 것도 당연한 일이었다. 같이 방을 쓰던 형이 군대를 가거나 언니가 결혼을 하면, 비로소 짧게나마 방을 독차지할 수 있었다. 그것도 온전하지는 않았다. 한겨울이 문제였다. 지금처럼 집 전체를 쉽게 난방하기는 어려웠다. 그렇다 보니 한겨울에는 온 식구가 방 하나에 모여 동계 합숙을 했던 기억을 꽤 많은 사람이 가지고 있을 테다.

세월이 흘러 어느덧 가족 구성원의 수도 적어졌고, 상대적 편차는 커졌어도 전반적 사정은 나아져, 이제 '내 방'은 자랑거리가 되지 못하고 당연한 요구사항이 되었다. 무서워서, 외로워서 엄마 이부자리로 끼어드는 것 말고는 함께 방을 쓸 일도 거의 없게 되었다.

사람은 누구나 자신의 생활 중 가리고 싶은 부분이 있다. 꼭 딴짓을 하다 들키지 않으려는 것만은 아니다. 누구는 괴로운 모습을, 또 누구는 연애의 풍경을, 혹은 누군가는 화가 난 모습을 가족에게 보이고 싶지 않을 수 있다. 꼭 이런 특별한 경우가 아니더라도, '프라이버시'라는 이름으로 각자의 생활은 존중받아야 한다고 이야기 할 수도 있다. 각자 보장받아야 할 생활이 있다고 여기는 것이다. 그렇기에 자식이 조금 크면, 서로의 방에 드나들 때 노크를 해야 한다고 약속하기도 한다. 그러한 보장이 제대로 되지 않을 때 불안감이 들고, 경계심이 생기고, 짜증이 나기도 하는 것이다.

'내 방'이 이렇다. 자기를 지켜 준다. 조금 폼 나게 얘기하자면, 온전히 나만의 세상을 가지게 해 준다. 어찌 보면, 살아가는 데 기본이 된다고 할 수 있다. 30여 년 전 가족 동계 합숙을 했던 사람 입장이라면 충분히 '나 때는 말이야' 할 만하다. 기본조차 갖추지 못하고 살았다고 말이다.

방마다 다른 이야기

그렇다면 내 방만 가지면 만사형통일까? 하루 종일 내 방 안에만 박혀 지내야 한다고 생각해 보자. 얼마나 버틸 수 있을까? 달랑 방 한 칸 빌려 하숙하거나 자취를 해 본 사람은 쉽게 공감할 수 있을 테다. 잠깐 일이 있어 어딘가를 나갔다 오는 경우는 그래도 낫다. 하루 종일 방콕이 얼마나 고역인가. 특별히 몰두하던 일이 있다면 혹시 모를까, 이도 저도 아니면, 텔레비전 켜 놓고

내 방을 중심으로 여러 방들이 둘러싸고,
또 그 방들도 다른 방들과 이어지면서,
여러 개의 '내 방'이 생긴다.

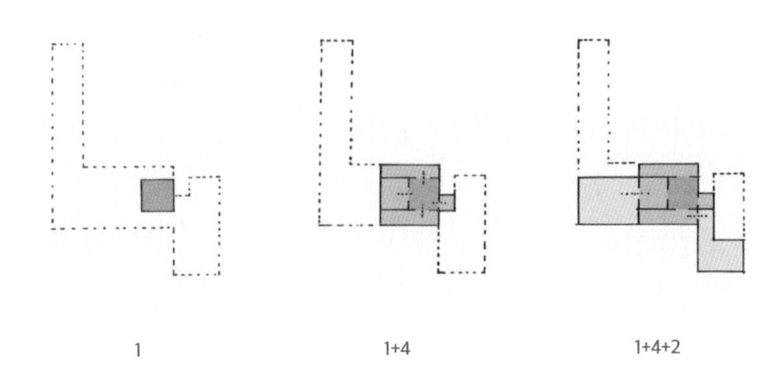

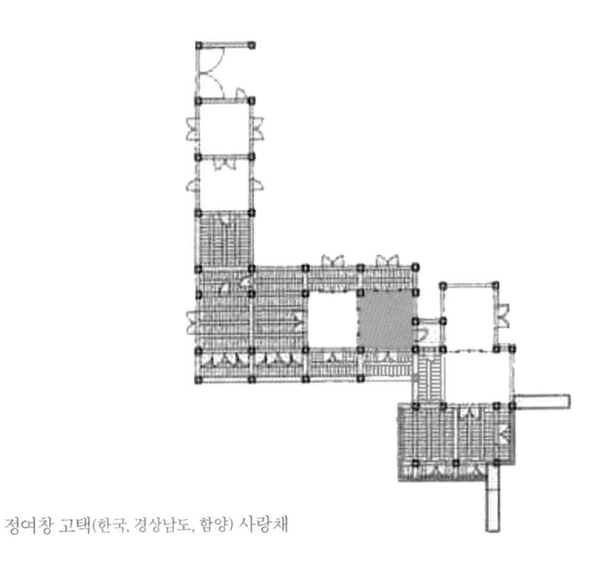

정여창 고택(한국, 경상남도, 함양) 사랑채

죽치고 앉아 있는 수밖에 없다. 그것도 어느 정도지, 아마 몇 시간도 안 되어 답답하고 심심해 안달 날 것이다. 혹 활동하는 공간이라고 해도 운신의 폭이 너무 좁은 한 칸짜리 '골방'이라면 더욱 지내기 힘들 것이다. '내 방'? '온전히 나만의 세상'? 말이 좋지, 감옥 같을 것이다.

만약 '내 방' 말고도 다른 방이 있다면, 사정은 달라진다. 원룸이나 고시텔 같은 골방이 아니라 방 하나에 거실이나 주방이라도 있으면 그나마 나을 것이다. 다소나마 지루함을 달랠 수 있을 것이기 때문이다. 보통 가정집 안에 있는 거실이나 주방, 심지어 동생 방이나 누나 방도 비슷한 효과를 낸다. 마주 앉아 수다를 떨면 좋겠지만, 내 방과는 다른 공간 속 무언가가 나를 심심하지 않게 해 준다. 벽에 붙은 아이돌 사진, 중간고사에 대한 각오, 아무렇게나 벗어던진 옷가지, 읽다 만 책으로도 충분하다. 잠시 다른 세계를 만나 다른 이야기를 접할 수 있으니 분위기 전환이 되는 것이다.

이들처럼 다소 기본적인 방들 말고 특별히 무언가를 더 가진다면, 사정은 더욱 달라진다. 꼭 방이 아니라 책을 볼 수 있는 의자, 음악을 듣는 포스트, 공예 작업을 할 수 있는 탁자가 집안 어디엔가 자리하고 있는 것만으로도 다채롭고 풍요로워진다. 이에 그치지 않고 만약 서재, 취미실, 오디오실과 같이 방을 따로 가지게 된다면, 그 정도는 한참을 웃돌 것이다. 지루함을 달래는 차원은 이미 훌쩍 넘어서게 된다.

한술 더 떠, '내 방'이 하나가 아니고 여러 개라면, 정여창 고택의 사랑채에서 볼 수 있듯이 4개 그 이상이라면, 완전히 다른 차원이 된다. 여럿이 아닌 한 사람을 위한 음식들로 차려진 푸짐한 밥상, 즉, 독상獨床을 받아 든 기분이랄까? 사람의 격格과 관련된다. 방주인의 격을 한참 띄워 주고 있는 것이다. 방 한 칸이 아쉬운 사람에게 어떻게 들릴지 모르지만, 가능하다면 마다할 일은 아니다.

오지랖 넓은 방

경주 양동리에는 독락당의 주인인 이언적이 설계를 했다고 알려진 '향단'이라는 이름의 전통 가옥이 있다. 이 집의 방 중 사랑방을 보자.

이 사랑방은 벽면에 나 있는 창문, 출입문 등 창호가 상당히 특징적이다. 막힌 한쪽 벽면을 제외하고 나머지 세 면에 총 5개의 창호가 있다. 일반적인 아파트 방에 하나의 출입문과 하나의 창문이 있는 걸 생각하면, 창호의 수가 참 많기도 하다.

또한, 창호 각각의 상태가 다르다는 점도 독특하다. 그림에서 볼 때 오른쪽의 창호 두 개를 보면, 하나는 툇마루와 붙어 있고 다른 하나는 그렇지 않다. 창호의 크기도 다르다. 반대편 왼쪽 창호도 마찬가지다. 하나는 대청과, 다른 하나는 대청 옆의 좁은 마루와 붙어 있다. 크기 또한 제각각 다르다. 나머지 한쪽 창호에는 그 길이를 따라 길게 툇마루가 붙어 있다. 창호들이 서로 다른 공간을 면하고 있기도 하다. 오른쪽 두 개는 측면 쪽 마당을, 다른 두 개는 큰 대청 마루를, 다른 하나는 앞마당을 대하고 있는 식이다.

이것은 결국 이 방이 바깥 세계와 만나는 다섯 가지 채널을 가졌다는 뜻에 다름 아니다. 그만큼 많이 그리고 다양하게 세계와 접하고, 그렇게 세계와 주고받는 소통을 한다는 의미다. 이 방의 이러한 기질을 두고 오지랖 넓다고 해도 크게 벗어난 이야기는 아닐 듯하다.

조금 더 가까이 들어가 보자.

방의 오른편은 아주 외진 곳이면서 동시에 집 바깥의 야산과 연결되어 있다. 개인적인 동시에 친자연적인 공간이다. 방 안에 앉아서 창을 통해 자연을 바라볼 수 있다. 마음이 조금 더 끌리면 툇마루에 나가 이 공간을 바라볼 수도 있다. 더 끌리면 아예 아래에 있는 쪽문을 통해 밖으로 나갈 수도 있다.

앞마당은 또 다르다. 크고 가로막힘 없이 열려 있어, 비교적 개방적이다. 이 마당은 마을 쪽에 놓여 있다. 대문 등 출입문과 연결되어 외부인의 출입이 일어난다. 상대적으로 사회적인 공간인 셈이다. 아주 내밀한 자연, 마을이라는 사회적 공간 등 성격이 다른 공간을 모두 방 안에서 만날 수 있다. 앉은 채 멀리 볼 수도 있고, 가까이 나가 볼 수도 있다.

대청마루 쪽으로 가 보자. 벽체가 대청을 가로질러 둘로 갈라놓았다. 갈라진 대청마루 각각에 통하는 문이 있다. 앞쪽의 문은 시원한 대청과 통해서, 방 안이 답답하면 이 문을 열고 대청에 나가 속을 틔우거나 여름에는 더위를 식힐 수 있다. 또한 마당과도 통해서, 이

여러 다른 공간과 통하는 방법을 보여 주는 향단(한국, 경상북도, 경주)

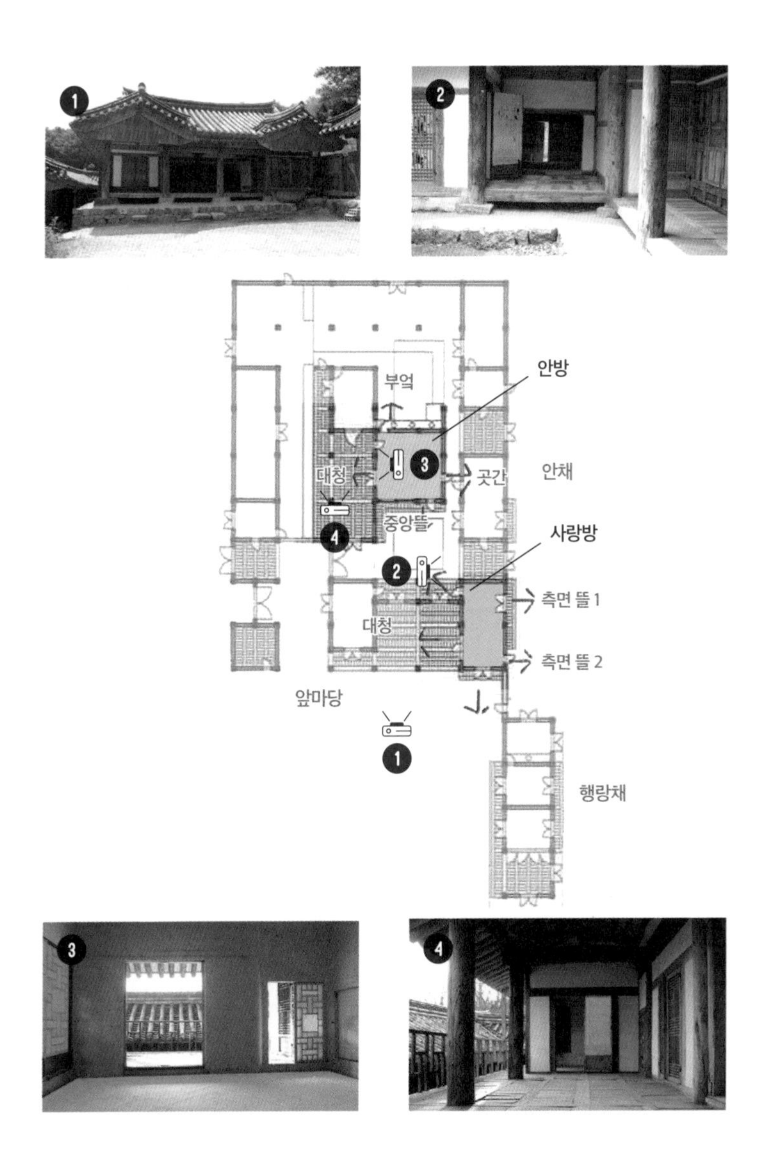

문으로 손님이 드나들거나 이 집 사람이 외출할 수도 있다.

또 다른 문, 안쪽의 문은 안채, 안에 있는 네모난 막힌 마당과 통한다. 가족적인 공간이자 여성들이 생활하는 공간과 통한다. 이 문을 통해 사랑방에 밥상, 술상이 들어올 수도 있고, 집의 바깥주인이 늦은 밤 마나님을 만나러 갈 수도 있다.

이렇듯 방 하나에 난 여러 채널을 통해, 여러 사람, 여러 자연, 사회와 연을 맺는 것이다. 참 오지랖 넓다 아니할 수 없다.

향단의 안방 역시 사랑방과 판박이다. 방이 4개의 벽면으로 둘러싸여 있고 모두 창호가 나 있다. 한쪽 벽면은 네모난 안채 마당과 만나고 다른 한 면은 대청과 만난다. 다른 한 면은 부엌과 또 다른 한 면은 부엌으로 가는 통로와 만난다.

안채에 속한 네모 모양의 마당으로 가 보자. 마당이 건물에 둘러싸여 있어 밖에서 잘 보이지 않는다. 접근 또한 매우 제한되어 있다. 외부인은 물론이고 집안사람들의 출입도 제한된다. 극히 개인적인 공간이다. 여기에 나비 한 마리라도 날아든다면, 왠지 나를 찾아 들어온 듯이 느껴지지 않을까? 나비만 그러할까. 저 작고 내밀한 공간으로 들어온 공기, 햇빛, 하늘, 눈, 비 역시 더욱 나와 밀접하게 느껴질 것만 같다. 굳이 말을 만들어 붙이자면 '우물 효과'라 할까? 이 우물 같은 공간 안에 하늘을 잡아 놓아 오롯이 나 혼자 그 하늘을 소유한 듯한 느낌이 들기까지 한다. 매우 자기중심적인 관계라 할 만하다. 안방에 마당으로 난 창호가 있어서 그러한 관계는 고스란히 안방으로 옮겨진다.

안방과 면한 다른 공간인 대청으로 가 보자. 사랑채 대청처럼 사람 사는 세상 쪽으로 열려 있다. 그런데 사랑채 대청과 달리 앞에 따로 마당이 없다. 대청에 바짝 붙어 다른 건물이 막아서고 있다. 앞의 건물 바닥이 대청이 놓인 건물 바닥보다 2미터 정도 낮아, 앞 건물 지붕이 시야를 애매하게 가린다. 바깥세상을 향해 열려는 있는데 그 앞을 막았다. 그렇다고 다 막은 것도 아니어서 반은 막고 반은 열어 두었다. 세상과의 관계에서 단절과 연결이 동시에 이루어지고 있는 셈이다. 이런 식의 관계는 안방과 대청 사이에 나 있는 제법 큰 창호를 통해 방 안으로까지 연장된다.

이렇듯 방 하나에 난 여러 채널을 통해, 여러 사람, 자연, 사회와 연을 맺으니 오지랖 넓다 할 것이다. 다만, 그 오지랖이 사랑채와 달리 조심스럽고 은근하다.

아파트 안의 방에 대한 우리의 태도에 쓴소리 한마디

아파트에 있는 방은 태생적으로 여러 제약을 가질 수밖에 없다. 좁은 땅을 쪼개 높게 올린 아파트이니, 그 안에 많은 욕구를 담기가 어렵다. 방 하나 더 내기가 쉽지 않고 방의 창문도 마음대로 낼 수 없다. 운용의 여지가 거의 없다. 아파트를 벗어나기는 힘들고, 그 구조에는 극복하기 쉽지 않은 한계가 있고, 참으로 딜레마가 아닐 수 없다. 이런 마당에 '정위, 오지랖, 여러 개의 내 방' 등을 들먹인다면 속된 말로 염장을 지르는 일이 아닐 수 없다. 그렇다면, 어찌해야 하나? 어쩔 수 없이 포기하고 살아야 할까? 이에 답하기 전에, 현실을 한번 돌아보는 시간을 가져 보도록 하자. 그간 우리가 스스로 내친 몇 가지를 먼저 살펴보자. 그러고 곰곰 생각해 보자. 정말 아파트는 가능성이 없는 물건인지, 다른 해결책은 정말 없는지를.

일단, 집안에 있는 발코니부터 보자. 너나 할 것 없이 소위 새시를 한다. 원래 발코니는 바깥 세상을 상태 그대로 내 집에 들인 곳이다. 그 세상을 가까이 두고 생으로 접촉할 수 있는 유일한 곳이다. 그런데 그 기회를 날려 버린다. 추워서? 여기까지는 좋다. 그러면 소위 발코니 확장은 무언가? 많은 사람이 발코니를 없애고 방을 넓히지 않나? 애초 설계 때부터 확장할 것을 고려해 방을 작게 계획하기까지 하고, 심지어 법으로 이를 보장해 주고 있다. 참으로 아이러니다. 발코니는 외부의 조건에 따라 다소 민감하게 변하는 환경을 가진 공간이다. 그래서 이를 두고 반외부 공간이라고도 한다. 발코니를 그대로 둔다면 내 방은 환경이 다른 두 영역을 가진 것이 된다. 프로그램도 적지 않다. 차탁 하나만 가져다 놓으면 봄볕을 받으며 책을 읽을 수도 있고, 식구들과 대화도 하고 때로는 내리는 비를 보며 차를 마실 수도 있다. 아이들 물놀이도 할 수 있고 화초도 가꿀 수 있다. 하지만 이렇듯 일상을 풍요롭게 할 기회를 날렸다.

모두 아파트가 제공해 주는 그나마 여유의 여지를 이렇게 싹을 잘라 버린 것이다. 이 점 진지하게 한번 들여다보아야 한다. 소위 아파트 평면이란 것을 보자. 판에 박힌 내부의 구조다. 왜 그럴까? 아파트를 지을 때 경제성보다 중요한 기준은 없다. 집 안의 방, 집, 동의 크기와 거리는 무조건 조금이라도 더 많이 짓는다는 기준으로 설계되어야 한다. 상황이 이렇다 보니, 소위 평형별로 몇 개의 모범답안이 있고 이 가운데서 하나를 고를 수밖에 없다. 그럴싸한 논리다. 그런데, 이것은 설계자들의 변명에 불과하다. 새로이 구조를 개발하지 않고, 기존의 것을 거의 그대로 가져다 쓰는 것이 탈이 없고 편하다는, 안이함과 게으름에 대한 고백이 빠져 있다. 상당 부분 책임이 공급에 관련된 자들에게 있다. 이런 자세가 바뀌어야 한다.

우리 소비자 또한 냉정해질 필요가 있다. 아파트를 재산 증식을 위한 투자상품으로 취급하는 한 답이 없다. 공급자를 상대로 따지고, 거부하고, 주문하는 등 욕심을 내어야 한다. 필요하면 공부도 해야 한다.

세 번째 사연, 배열

앞서 2장에서, 거실, 부엌, 화장실, 현관, 마루, 더 나아가 업무용 건물의 로비, 사무실, 복도 등도 모두 방에 포함해 본다고 했다. 이를 전제로 2장 방에서 그랬듯 3장 방의 배열을 풀어 가려 한다.

물리적 벽이 아니라, 기능의 관점에서 봤을 때, 보통은 방이 여럿이라고 볼 수 있다. 그래서 어떻게든 방들을 배열하게 된다. 방을 배열하는 방식 중에, 여러 방이 일정한 질서에 따라 하나의 전체 모양을 만들어 내는 경우가 있다. 마치 매스게임처럼. 그중에는 또 덩그러니 형식만 있는 것이 아니라 꽤 분명한 내용을 담아내는 경우도 있다. 마치 어느 소재를 바탕으로 하나의 이야기가 꾸며지는 것과 흡사한 구조로 방의 배열이 이루어진다 할 것이다.

이들 사정을 파악하는 데 용이하다고 판단되는, 집을 도마에 올려놓고 방 단위의 조각으로 분해하고 이를 조립해 보는 작업, 이른바 시뮬레이션도 적절히 활용해 보려 한다.

동선으로 구축하는
편리성과 경제성

방들을 배열할 때 되는 대로 여기저기 아무렇게나 놓지는 않을 테다. 나름의 기준이 바탕이 된다. 그 대표적인 기준으로 편리성, 경제성을 꼽을 수 있다.

이들 가운데 편리성은 '동선'을 중심으로 보면 얼른 이해된다. 아주 단순하게 생각해 보자. 방 중에는 가까이 붙어 있어야 하는 방이 있고 멀리 떨어져 있어도 되는 방이 있다. 주방과 밥 먹는 공간은 멀리 떨어져 있으면 당연히 불편하다. 다용도실과 주방 역시 떨어져 있으면 조리 작업이 아주 귀찮아진다. 딱 붙어 있는 것이 편하다. 꼭 이런 특수한 관계에 놓인 방들이 아니더라도, 가급적 방과 방 사이의 거리를 가깝게, 소위 동선을 짧게 만들어 이동 거리를 줄여 쉽게 왔다 갔다 할 수 있게 해야 불편하지 않다. 거실은 안방, 침실, 주방 어디와도 멀리 떨어져 있지 않아야 불편하지 않다.

동선을 단순하게 만드는 것, 방들을 단순하게 배열하는 것도 편리성에 포함될 수 있다. 학교가 좋은 예다. 학교에는, 거의 같은 크기의 교실들이 길고 반듯한 복도를 따라 놓인다. 많은 학생이 한꺼

번에 이동하기 좋은 구조다. 교실을 찾아가기도 쉽다. 단순함이 가져온 편리성의 전형적인 예다. 만약 복도가 구불구불하다면, 교실이 여기저기에 숨어 있다면, 학생이나 교사나 여간 불편하지 않을 테다. 편리성을 갖추고 있다 할 것이다.

경제성도 보자. '얼마나 공간을 알뜰하게 잘 쓰는가', 이것이 경제성의 한 요건이 된다. 아파트는 경제성을 가장 많이 고려한 건축물 가운데 하나다. 이제는 전문가든 비전문가든 익숙한 개념인 '데드 스페이스', 즉 쓸데없이 버려진 공간을 최소화하는 것이 아파트 설계의 최우선 과제라고 해도 과언이 아니다. 아파트는 데드 스페이스를 없애기 위한 치밀한 계산, 치열한 전투의 결과물이다. 이뿐 아니다. 아파트의 경우, 빈틈이 생기면 어디선가 손해를 본다. 어쩌다가 다용도실이 넓어지게 되면 집안 어느 방인가는 그 면적만큼 줄어야 한다. 가구당 단위 면적이 정해져 있기 때문이다. 그 결과 안방이 한참 줄어든다면, 이를 두고 경제성이 높다고 할 수 없다.

공사비도 빼놓을 수 없는 요건의 하나다. 방과 방은 서로 맞붙어 있는 것이 경제적이다. 따로따로 떨어져 있는 것보다 벽을 적게 세울 수 있어, 그만큼 돈이 덜 들게 되기 때문이다. 방의 규모가 커지면 당연히 공사비가 더 든다. 그러니 방의 규모가 쓸데없이 훌쩍 커진다면, 이를 두고 경제적이라 할 수 없다. 이처럼 편안함은 물론이고 일의 효율까지 좌우하는 편리성, 물질적인 손해를 유발할 수 있는 경제성이니, 방들을 배열하는 데 꽤 중요한 기준으로 취급되는 것이 너무 당연하다.

누구나 쉽게 공감할 수 있을 법한 편리성과 경제성, 그런데 이 기준에 역행하는 집이 있다. 안도 다다오가 설계한 '이씨 주택'이다.

문제의'이씨 주택'으로 가 보자. 현관이 집 한쪽 끝에 있다. 현관에 들어서면 긴 경사로를 만난다. 거실까지 가려면 이 긴 경사로를 한참 걸어 내려가야 한다. 거실에서 안방을 가려면 긴 경사로를 한 번 오르고 꺾고 한 번 더, 즉 두 번을 오르게 되어 있다. 아이들 방으로 가려면 세 번을 올라야 한다. 얼마나 불편한가?

이뿐만 아니라, 경사로는 너무 많은 면을 차지한다. 일반적인 계단을 설치했다면 면적의 반은 다른 공간으로 활용할 수 있다. 경사로 말고도 여기저기에 소위 데드 스페이스가 있다. 거실도 너무 좁고 길고, 한쪽 외진 데에 있다. 서로 붙어 있는 방이 하나도 없다. 모두 떨어져 있다. 참으로 효용성이 떨어진다. 편리성, 경제성만으로 보면 그야말로 낙제점인 집이다. 하지만 그 대가로 또 다른 것을 얻는다. 무게가 가볍지 않은 몇몇 이득을 챙긴다.

일단, 경사로 양끝에 있는 방들을 보자. 뭔가 좀 범상치 않은 점이 눈에 띈다. 옆에서 단면을 잘라 보면, 각 방이 같은 층, 같은 높이에 놓이지 않았다. 자세히 풀어 쓰자면, 방 하나는 0.5층에 다른 방은 1층에 또 다른 방은 1.5층에 놓였다. 이런 방들이 거리상으로도 서로 제법 멀리 떨어져 있다. 경사로 길이만큼, 거기에 있는 경사만큼 떨어져 있다.

여기에 그 이득의 정체를 밝힐 힌트가 들어 있다. 이를 요약하면 '독립' '격상格上'이라 할 것이다. 각 방은 서로 간섭을 잘 받지 않고,

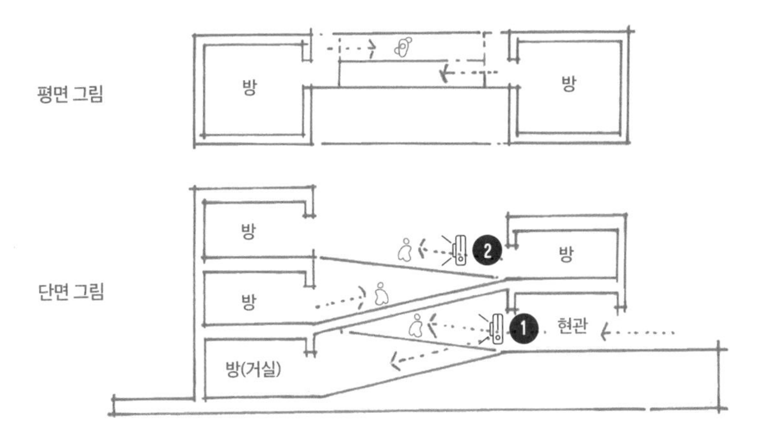

현관에 들어오면 긴 경사로가 보이고
이 경사로를 따라 올라가면 침실이 나오고 아래로 내려가면 거실이 나온다.

이씨 주택(일본, 도쿄)

그만큼 자유로울 수 있다. 이뿐 아니다. 각 방의 지위가 격상된다. 국가 정상들이 모이는 회합에서, 이 정상들이 긴 소파에 여럿이 끼어 앉아 있는 경우를 본 적 있는가? 각각 적당한 거리를 두고 떨어져 있는 각자의 의자에 앉는다. 그러한 배열이 각자의 격을 지켜 주기 때문이다. 한 사람 한 사람, 각 국가를 중요한 존재, 특별한 존재라고 이야기하는 배열인 것이다.

이런 관점에서 보면 경사로 또한 예사롭지 않다. 경사로가 방들을 더욱 특별한 존재로 만들고 있다. 사실 이 경사로는 결국 두 지점을 연결하는 기능을 가진 복도의 일종이다. 그런데 일반 복도와는 조금 다르다. 방과 방 사이에 놓여 양쪽에 여러 목표점이 있는 일반 복도와 구별된다. 달리 말하면, 방마다 그 방으로 가는 길, 그 방을 위해 존재하는 전용 길을 가지는 셈이다. 그만큼 각 방은 특별해진다. 긴 복도를 따라 양옆에 놓인 여러 개 방 중의 하나인 방과 비교했을 때, 그 무게감이 결코 같을 수 없다.

각 방을 더욱 특별하게 만드는 요소가 또 있다. 앞 장 사진 ❷에서 볼 수 있듯이, 방마다 마당 같은 외부 공간을 끼고 있는 셈이 된다. 방과 그 방에 딸린 마당이라니, 이러다 보니 왠지 방 한 칸으로 읽히지 않고 독립된 한 채로 읽힌다.

우리 옛날 양반 집은 여러 개의 건물로 이루어졌다. 흔히 '채'라고도 한다. 각 채는 서로 떨어져 있으며 채마다 마당을 가지고 있다. 이씨 주택은 마치 우리 옛날 집의 이런 구조가 한곳에 모여 응축되어 있는 듯하지 않은가? 이런 방이 가지는 무게감은, 존재감은 지금

우리가 살고 있는 아파트의 방과는 비교할 수 없을 만큼 또렷하다. 편리성, 경제성이 무시되면서 다소 불편하고 손해 보는 일이 생겼을지 모른다. 대신 이 방의 주인은 어떤 집 주인도 가지지 못하는 풍요로움을 누리고 있는 것이다.

경사로를 포함한 모든 방을 해체해 보자. 그리고 이들이 배열되는 과정을 시뮬레이션해 보자.

'각자 방이 떨어져 나간다. 다른 위치로, 높이로도 떨어져 나간다. 거리상으로도 제법 멀리 떨어져 나간다. 떨어질 수 있을 만큼 떨어진다. 이들 방 사이에 또 다른 방의 하나인 긴 통로가 끼어든다. 그러면서 모든 방을 잇는다. 완전히 떨어지지 않게 한다. 벽이라는 도구를 꺼내 들어 방들이 서로 떨어지지 않게 붙든다. 그러면서도 간격을 유지한다.'

이 속에 나름의 질서가 보이지 않는가? 독립, 자존, 이들 가치를 생산하고 있는 고유한 질서 말이다.

앞으로, 방의 배열을 보면서 편리성, 경제성은 살짝 한쪽에 제쳐 두려 한다. 너무 이들에만 너무 매달리면 혹 다른 가치를 보지 못하게 될 수 있다는 우려가 생겼기 때문이다.

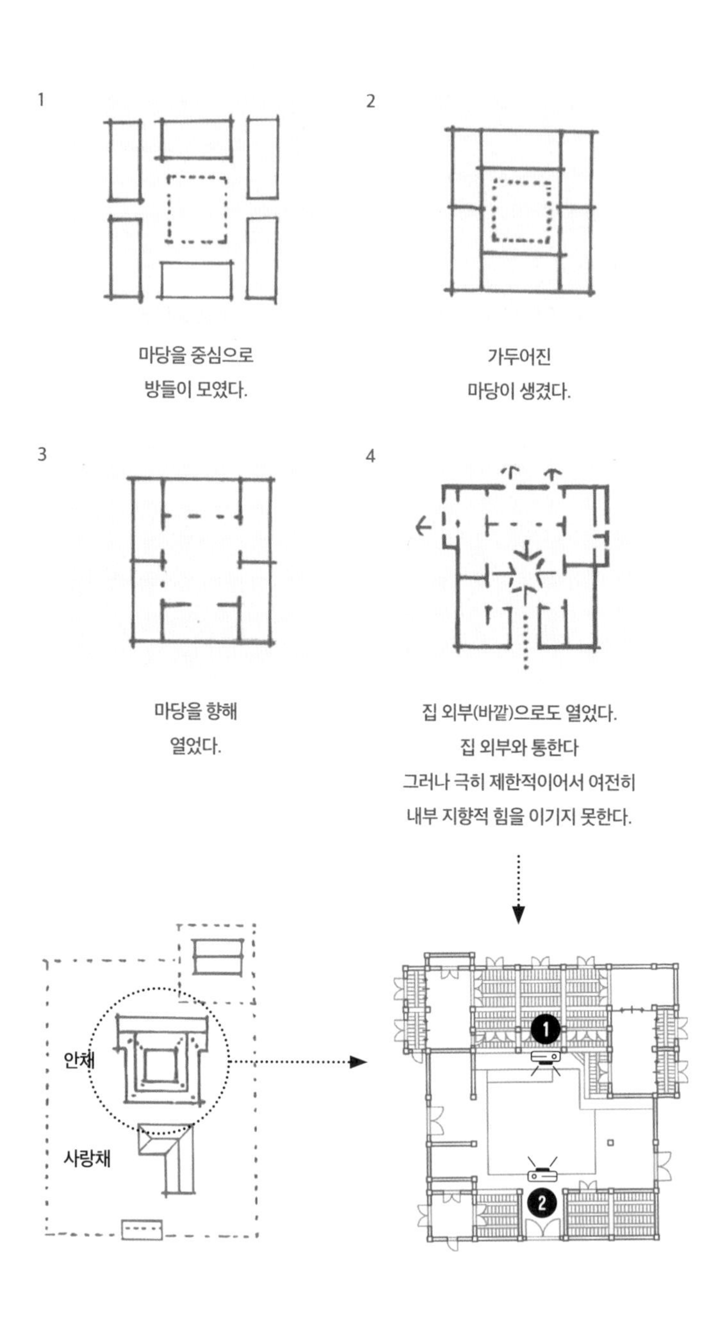
1
2
마당을 중심으로
방들이 모였다.
가두어진
마당이 생겼다.
3
4
마당을 향해
열었다.
집 외부(바깥)으로도 열었다.
집 외부와 통한다
그러나 극히 제한적이어서 여전히
내부 지향적 힘을 이기지 못한다.
안채
사랑채
1
2

추사 고택(한국, 충청남도, 예산)의 안채(입구 쪽을 본 모습과 입구에서 본 모습)

내향과 외향의 색깔을 띠는 배열

우리 옛날 집 중 추사 김정희의 생가인 일명 '추사 고택'의 안채와 사랑채를 통해, 내향과 외향을 소재로 하는 독특한 '배열 방식'을 엿볼 수 있다.

안채부터 보자(앞 장).

가운데 ㅁ자 마당이 있고, 이 ㅁ자 마당의 변을 따라 방이 놓였다. 방의 주요 출입문들은 마당 쪽으로 나 있다. 안으로 향한다 할 것이다. 주요 방 앞에는 툇마루가 붙어 있다. 마당과 또 다른 형태의 관계를 가질 수 있으니 안으로 더욱 향한다 할 것이다. ㅁ자 마당은 바깥에서 쉽게 접근할 수 없는 갇힌 꼴이다. 이 때문에 안으로 향하는 색채는 더욱 짙어진다.

방들이 배열되는 가상의 과정을 한번 그려 보자. '방들이 ㅁ자로 모였다. 그 안에 ㅁ자 마당을 만들었다. 방들이 촘촘히 붙었다. 그러면서 마당을 가두었다. 방이 마당 쪽에 문을 냈다. 그 문 앞쪽에 또 하나의 방이라 할 수 있는 툇마루를 붙였다.' 이 과정을 보면서, 어느 하나에 뜻을 두고 여러 개의 방이 일관되게 구는, 일종의 질서를 떠올리게 된다. 그 '하나'가 다름 아닌 '내향'이다. 집 바깥보다는 안을 향하는 내밀한, 보기에 따라서는 폐쇄적인, 방뿐만 아니라 안채 전체를 덮는 고유한 색깔 말이다.

사랑채로 건너가 보자(뒷 장).

안채가 ㅁ자인 데 반해, 사랑채는 ㄱ자 형태로 되어 있다. ㄱ자를 따라 방들이 들어선다. ㅁ자는 안쪽으로만 관계를 맺는 데 비해, ㄱ자는 열린 상태에서 안팎(혹은 앞뒤)으로 관계를 맺고, 여기서 더나아가 양옆으로도 관계를 맺을 수 있다. 방마다 예외 없이 바깥과 통하는 창호가 나 있어서 바깥을 향한 관계는 구체화된다.

또한, ㄱ자의 안쪽을 따라 폭이 제법 넓은 툇마루가 놓였다. 안채와 달리 아주 넓게 트인 마당 쪽, 대문이 있는 쪽, 즉 바깥세상과 통하는 쪽으로 툇마루가 다리를 쭉 뻗고 있는 형상이다.

ㄱ자의 시작점, 즉 건물 옆구리에까지 툇마루가 놓였고(사진 ❷ 정면 앞쪽에 보이는 작은 툇마루), 이 툇마루가 놓인 방에도 여지없이 문이 나 있다. 방에서 툇마루로 나올 수 있고 마당으로까지 나갈 수 있는 구조다. 말하자면 방이 앞에 있는 마당뿐 아니라 옆에 있는 마당과도 통한다. 방이 사방으로 연장되는 셈이다. ㄱ자의 다른 끝, 툇마루 오른쪽 끝 부분을 보면 문이 하나 더 달려 있다. 그 문을 열어젖히면 담 너머 집 바깥이 보인다. 방의 영역, 집의 영역이 담 너머까지 확장되는 것이다.

우리 옛날 집의 마루 중에 '누마루'라고 있다. 대청과 달리, 방과 방 사이에 있는 것이 아니라 집의 모퉁이에, 집 바깥과 가까운 쪽에 놓인다. 그 문이 누마루의 대리가 아닌가 싶다. 모양새가 다소 빠지지만 말이다. '바깥으로의 더욱 확장'이라는 동일한 역할을 하고 있다 보니, 그렇게 또 생각하게 된다. 앞에 안채에서 했던 동일한 작업을 사랑채를 가지고도 한번 해 보자. '1자로 모였다. 2방향으로 외부를 접하게 되었다. ㄱ자로 접었다. 4방향으로 외부를 접하게 되

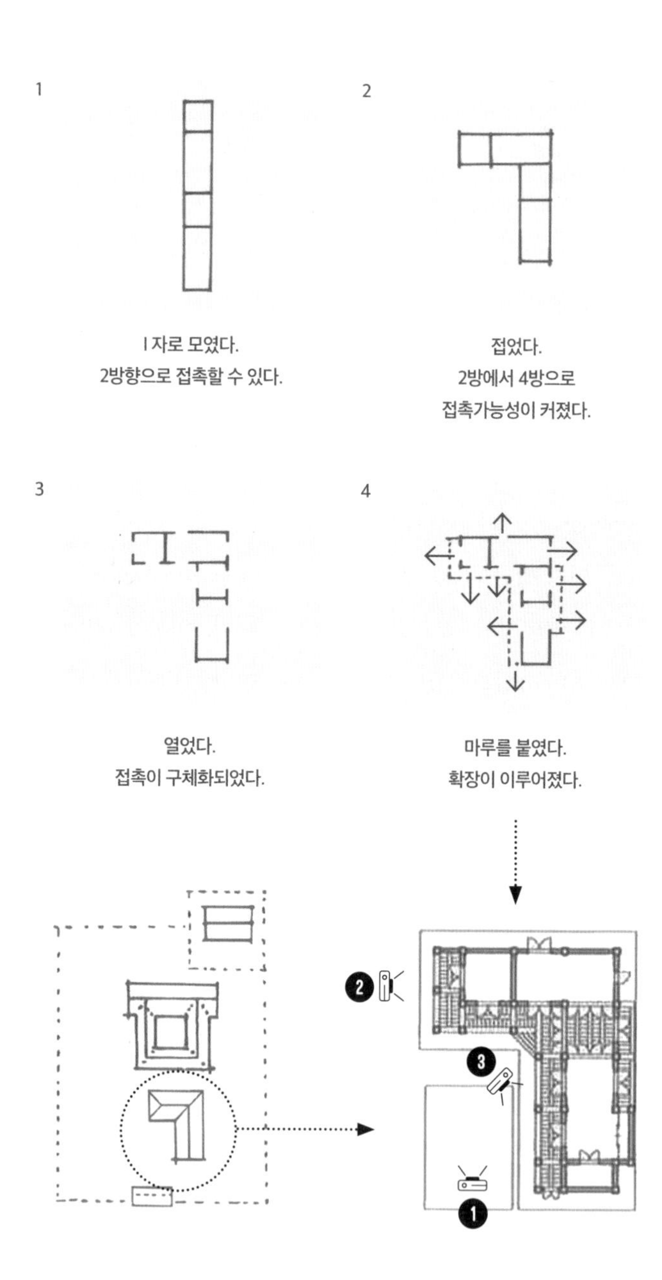
1
ㅣ자로 모였다.
2방향으로 접촉할 수 있다.
2
접었다.
2방에서 4방으로
접촉가능성이 커졌다.
3
열었다.
접촉이 구체화되었다.
4
마루를 붙였다.
확장이 이루어졌다.
2
3
1

대문에서 본 사랑채
(ㄱ자 아래에서 바라봄)

ㄱ자 왼쪽에서 바라본 본 사랑채

었다. 모든 방향으로 창호를 내어 열었다. 진짜로 접하게 되었다. 방 모두에 마루를 놓았다. 진짜로 많이 접하게 되었다.' 여기서도 마찬가지, 어느 하나에 뜻을 두고 여러 개의 방이 일관되게 구는, 일종의 질서를 떠올리게 된다. 그 '하나'가 다름 아닌 '외향'이다. 안쪽보다는 밖으로 향하며 드러내는, 노출을 서슴치 않는 개방적인, 방뿐만 아니라 사랑채 전체를 덮는 그 고유한 색깔 말이다.

한참 전에 접했던《따로 따로 행복하게》라는 그림책 이야기를 잠깐 해 볼까 한다. 늘 성격 차이로 다투고 서로를 괴롭히는 부부 사이의 자녀들이 부모의 끝혼식을 주선하고, 결국 따로 따로 살게 된 뒤로 화목하고 두 배로 다양한 가정을 갖게 돼 행복해하는 줄거리인데, 추사 고택의 방 배열이 마치 그 마지막에 나온 두 집 살림을 한데 묶어 놓은 꼴이 아닌가 싶기도 하다.

나무를 닮은 배열

스티븐 홀Steven Holl이 설계한 주택 중 새총처럼 생긴 집이 있다. 이 집은 나무를 참 많이 닮았다. 나무는 둥지에서 시작한 가지가 뻗어 나아가고, 여러 갈래로 가지가 갈라지고를 반복하며 자란다. 이런 원리에 따라 이 집의 방들이 배열된 것으로 보여 더욱 그리 생각하게 된다. 편의상 '뻗어 나아가는 성질' '갈라지는 성질'로 이름을 정하고 각각의 내용을 조금 더 자세히 살펴보기로 하자.

먼저 '뻗어 나아가는 성질'부터 보자.

크게 전체를 보면, 방들이 Y자 형태로 놓인 꼴이다. Y의 맨 밑단에, 즉 줄기의 밑동에 입구인 현관이 있다. 현관 다음에는 계단과 경사로로 이루어진 긴 통로가 있다. 이들 끝에 방들이 있고, 방 다음에는 발코니가 있다. 입구, 통로, 방, 발코니로 쭉 이어지는 식이다. 마치 나뭇가지가 길게 뻗어 나아가는 것과 닮았다.

다음은 '갈라지는 성질'이다.

집 전체에 현관은 하나다. 그 현관 안으로 들어가면 출입문은 둘로 나뉘고, 그중 오른쪽이 또 둘로 나뉜다. 이들이 또 위층과 아래층으로 나뉘고, 이들 중 몇은 또다시 두 공간으로 갈라진다. 이 공간의 끝, 발코니와 만나는 면에 범상치 않은 창이 있다. 크기나 모양이 다른 여러 개의 사각형 창틀로 이루어져 있다. 갈라지는 성질과 무관하지 않다. 비록 이미지이기는 하나, 마지막 공간에서 다시 발코니 쪽으로 6개 혹은 7개로 더 갈라지는 것이 된다. 마치 하나의 가지가 여러 갈래로 가지를 치는 것과 딱 닮았다.

이쯤 되니, 이 집의 방들이 나무의 질서를 본떠 배열되었다고, 그래서 닮아 보이는 것이라고 자신 있게 말할 수 있겠다. 이런 방의 배열이 묘한 특성을 가진 집으로 만들어 주고 있다. 어느 공간이든 끝이 나는 게 아니라 다른 곳과 계속 이어져 있고, 어디에 있더라도 현관에서 시작해 발코니로 나아가는 힘이 작용하고 있는 것 같은, 독립적으로 나누어진 것 같다가도 어느 순간엔가 하나처럼 느껴지기

스티븐 홀이 설계한 주택 중 새총처럼 생긴 집. Y-House(미국, 뉴욕주)

발코니와 마주하는 벽체에 1개의 개구부가 있는 경우와 비교된다.

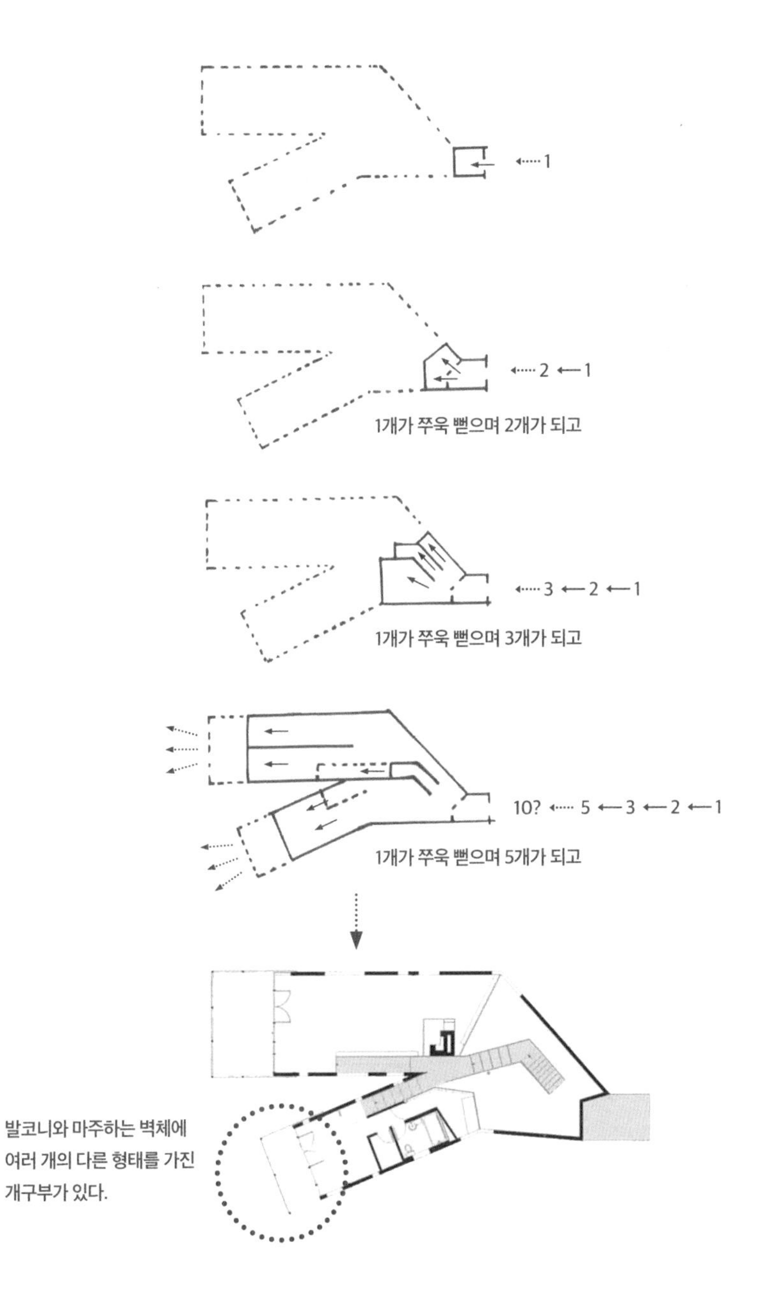

1
2 ← 1
1개가 쭈욱 뻗으며 2개가 되고
3 ← 2 ← 1
1개가 쭈욱 뻗으며 3개가 되고
10? 5 ← 3 ← 2 ← 1
1개가 쭈욱 뻗으며 5개가 되고
발코니와 마주하는 벽체에
여러 개의 다른 형태를 가진
개구부가 있다.

도 하는 집이 되었다. 그렇다면, 그 배열이, 혹 하나이면서 하나가 아닌, 서로가 영향을 주고받으면서도 각각 독특한 색깔을 갖는, 다양한 여럿이나 그래도 뿌리는 하나라는, 가족 공동체의 의미를 표방하고 있는 것은 아닌가?

블록을 쌓는 듯한 배열

방들을 옆으로, 그리고 위로 덧붙이는 동시에 넓게 펼치듯이, 흡사 블록을 연속해 끼워 나가 듯이 배열하면 어떤 건물이 탄생할까. 센트랄 베헤이르Centraal Beheer 본사 건물을 두고 하는 말이다. 정사각형 모양의 방이 기본 단위로, 이 방의 각 변마다 작은 돌기가 있고 이 돌기 옆에 다른 단위의 방이 붙는 식이다. 이렇게 네 개의 블록이 또 하나의 유닛이 되고, 그 유닛을 계속 옆으로 붙여 나감과 동시에 위로 쌓으면서 집이 완성되는 것처럼 보인다.

이렇듯 독특한 배열 방식을 보이는 집의 내부는 어떨까? 기본 단위에 있는 돌기와 돌기가 만나면서 방과 방이 붙는 덕에 네 방이 모이면 가운데 십자 모양의 빈 공간이 생긴다. 이 십자 모양 공간의 꼭대기는 유리로 된 '천창'으로 덮여 있다. 일반적으로 방이 큰 경우, 안쪽에 빛이 닿지 않는 어두운 부분이 생긴다. 이 문제를 십자 모양의 빈 공간이, 천창과 함께 풀어 준다. 또한, 십자 모양의 공간은 방

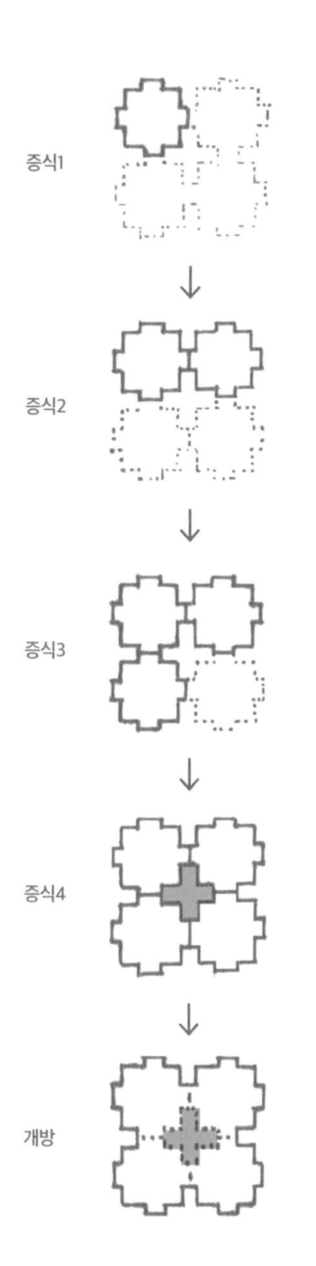

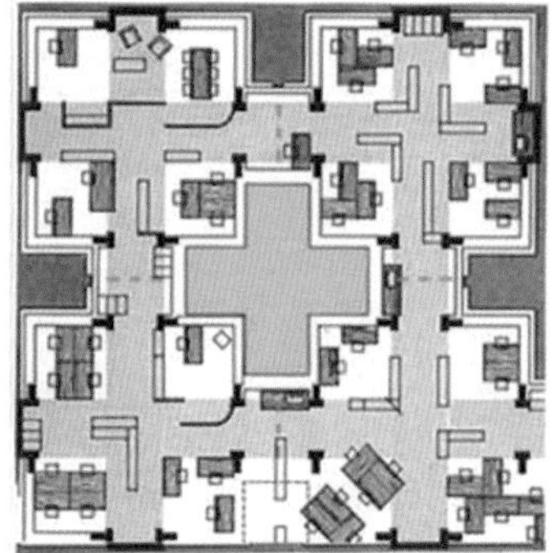

단위 공간들 사이의 경계를 열었다.

센트럴 베헤이르 빌딩(네덜란드, 헬데를란트주)

네 방향으로 쭉쭉 뻗어 나간 바람개비,
혹은 세포 분열을 하듯
활발하게 증식하는 개체군 같기도 한 모양새다.

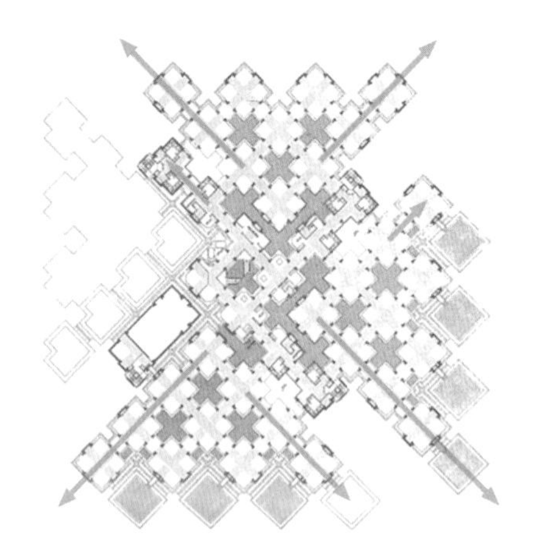

에 독립성을 부여하는 역할을 한다. 각각의 기본 단위의 정사각형 방이 서로 붙어 있지 않게 해 주는 것이다. 그러면서 팀 혹은 부서 단위로 자연스럽게 서로를 분리하는 효과를 내고 있다. 하지만 이런 독립성은 기본 단위의 정사각형 방이 벽체로 막혀 있지 않고 열리게 되면서, 또 이를 통해 방들이 서로 통하게 되면서 와해된다. 그래서 전체적으로 보면 방과 방이 서로 떨어져 있으면서 동시에 이어져 있는, 구분과 통합이 공존하는 상태가 된다.

마치 전체 조직과 부분 조직, 부분 조직과 또 다른 부분 조직 간에 관계를 규정이라도 하는 듯한 집이 된다. 자율과 단합? 애써 강조해도 귀에 들어올까 말까 한, 회사의 사훈 정도 될 만한 말이다. 마치 이를 알고 있는 것처럼, 구성원들이 생활을 통해 그렇게 될 수밖에 없도록 집이 나서고 있다고나 할까? 이렇게 보니 방 배열이 끝난 전체 모습이 예사롭지 않다. 네 방향으로 쭉쭉 뻗어 나간 바람개비, 혹은 세포 분열을 하듯 활발하게 증식하는 개체군 같기도 한 모양새다. 그렇다면 이것은 세계적인 기업을 꿈꾸는 회사의 비전을 나타내고자 하는 집의 몸짓 정도로 보아야 하나? 이 집에서 이루어지고 있는 고유한 방의 배열 방식 덕에 이렇게 또 상상의 나래를 펼 수 있게 된다.

반복과 변주의 배열

루이스 칸이 설계한 영국미술예일센터 Yale Center for British Art는 '반복과 변주'를 키워드로 또 다른 배열의 묘미를 맛볼 수 있는 건물이다. 이 건물의 주요 기능이라 할 전시장이 있는 3층과 4층을 보자. 두 개의 커다란 홀이 있고 그 둘레에 전시장으로 쓰이는 여러 방이 놓인 구조인데, 이 안에서 '반복과 변주', 즉 '같아지려 하는 성향과 달라지려 하는 성향 간의 밀고 당김'이 벌어지고 있다.

먼저, 커다란 홀 주변에 있는 방들을 보자. 하나하나 떼어 놓고 보면, 모양도 크기도, 벽체로 막혀 있는 상태도 거의 같다. 마치 이를 누그러뜨리기라도 하듯, 중앙에 있는 홀의 주도 아래 미묘하게 변주가 일어난다. 두 개의 홀을 중심으로 주변에 방들이 놓인 꼴이 되면서 방 간에 차이가 생겨난다. 예컨대, 이쪽 혹은 저쪽 홀에 소속되는 방으로 구분된다. 이와 함께 홀과 면하고 있는 방과 그러지 않은 방으로 구분된다.

두 개의 홀 모두 육면체로 모양이 같고 모두 전 층이 다 뚫려 있으며 위에 모두 천창을 둔 구조다. 또 다른 반복이다. 여기에 또 변주가 일어난다. 두 개의 홀은 크기를 달리한다. 홀이 작은 것과 큰 것으로 구분이 된다. 이뿐 아니다. 작은 홀은 입구와 연결된 로비 같은 곳으로 건물 외부와 연결되는 반면, 큰 홀은 건물 안에 갇혀 있게 된다. 이런 성격 차이로 둘은 더욱 달라진다. 홀이 이렇듯 달라지면

루이스 칸이 설계한 영국미술예일센터(미국, 코네티컷주)

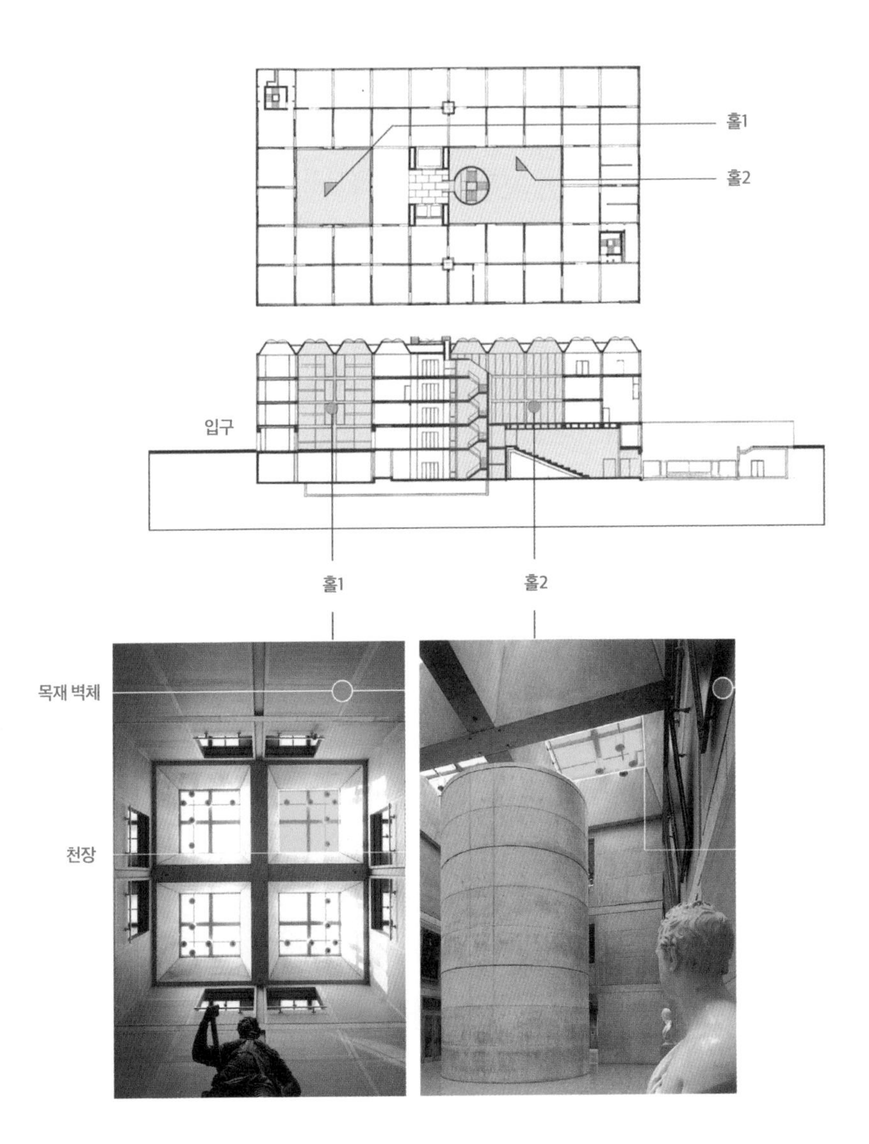

서 덩달아 홀을 둘러싸고 있는 방들의 성격이 더욱 갈리게 된다.

하나하나의 방들이 벽체로 구획된다. 그러면서 독립된다. 그렇지만 방 간에 같아지려는 성향은 대체로 유지된다. 벽체가 모두 나무로 이루어져 있는 점에 주목한다. 벽체의 소재가 콘크리트나 벽돌이 아니고 상대적으로 가볍고 부드러운 나무이기에, 어딘가는 벽체가 방과 방 사이 천체가 아닌 반에만 놓여 있기에 단절의 힘이 그리 강하지 않게 된다. 거기다가, 동일한 소재가 반복되기에 서로와 서로가 크게 달라지지 않게 된다.

이렇듯 반복과 변주에 의해 같아지기와 달라지기가 거듭되면서, 서로 같으면서 같지 않은, 다르나 다르지 않은 매우 독특한 방의 집합체가 된다.

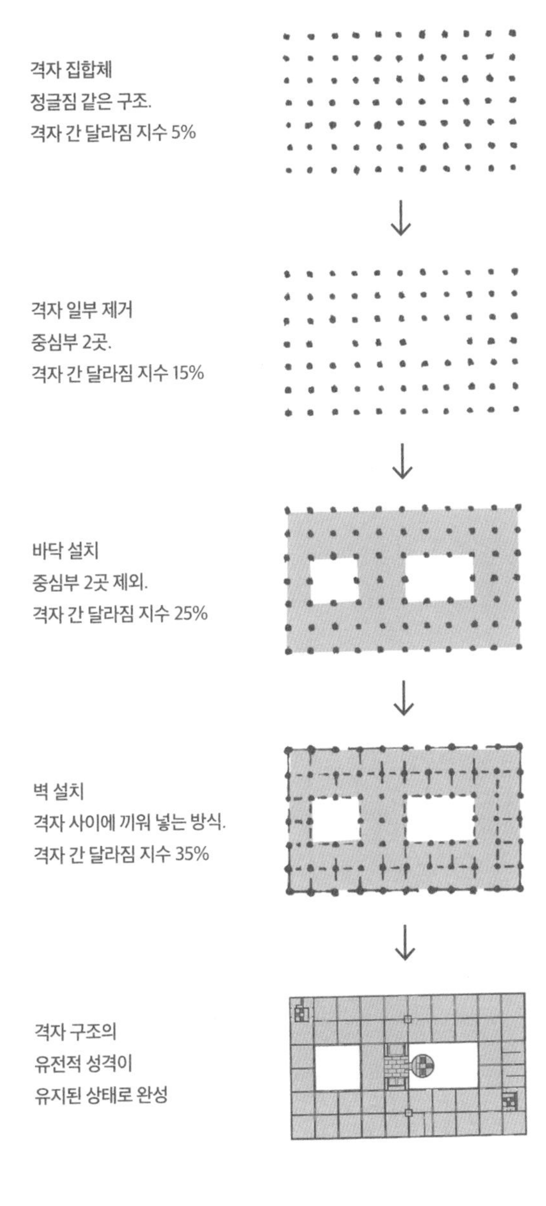
격자 집합체
정글짐 같은 구조.
격자 간 달라짐 지수 5%
격자 일부 제거
중심부 2곳.
격자 간 달라짐 지수 15%
바닥 설치
중심부 2곳 제외.
격자 간 달라짐 지수 25%
벽 설치
격자 사이에 끼워 넣는 방식.
격자 간 달라짐 지수 35%
격자 구조의
유전적 성격이
유지된 상태로 완성

방들이 만들어지는 과정을 한번 재구성해 보자. 방들의 배열 방식을 조금 더 샅샅이 훑는다는 차원이다. 초기화를 위해, 일단 방을 막고 있는 나무로 된 벽체들도, 바깥의 금속으로 된 벽체도, 바닥도 없애고, 천정까지 걷어내 본다. 그러면 같은 모양과 크기를 가진 여러 개의 봉으로 이루어진 정글짐 같은 콘크리트 구조물만 남을 테다. 먼저, 이 초기화 상태의 프레임의 집합체에서 안쪽 두 군데에 프레임 일부를 제거해 보자. 그러면 두 개의 중심이 생기고 이에 따라 두 개의 다른 프레임의 무리가 된다. 다음으로 프레임이 제거된 부분은 제외하고 매 층에 바닥을 놓는다. 그러면 층별로 구분된 서로 다른 프레임들이 된다. 마지막으로 벽을 세운다. 바깥쪽 테두리는 금속으로 된 벽체를, 안쪽에는 나무로 된 벽체를 세운다. 프레임 사이에 끼워 넣듯 세운다. 안쪽 벽체의 경우 일부는 다 막지 않고 비운다. 이러면서 어느 정도 독립된 단위 프레임이 된다.

새로이 드러나는 한 가지가 눈에 띈다. '프레임이 살아 있으며, 그 성질 또한 유지되고 있는 일종의 관성'이다. 프레임은 안과 밖을 구분하나 동시에 안과 밖이 통하게 된다. 마치 새를 가두는 새장에서 볼 수 있는 그런 성질이다. 몸체는 물론이고 이런 성질이 크게 훼손되지 않았다는 이야기이다. 이 집의 방의 배열을 주도하는 '반복과 변주'가 빚어낸 또 다른 결과물이라 할 것이다.

서로 같으면서 같지 않게 되는, 다르나 다르지 않게 되는, 여기에 더해 나누어지나 나누어지지 않게 되는 방의 배열을 지켜보면 서, 오랜 기간 지속되어 온 영국의 통합과 분열의 역사를 떠올리는 것은 그저 필자 개인만의 과도한 상상일까? 이 집의 어느 방에서인가 아일랜드의 독립에 이은 '그레이트 브리튼 북아일랜드 연합왕국'의 탄생에 관련된 듯한, 스코틀랜드의 귀속과 지금도 진행중인 자치, 독립에 관련된 듯한 몇몇 소리가 들리는데, 그렇다면 이것은 단지 환청인가?

음양에 기초한 배열

동양의 세계관을 대표하는 사상 중 하나가 바로 음양 이론이다. 음은 엉기고 모이는 기운, 양은 흩어지고 나아가는 기운으로 거칠게 요약할 수 있다. 이 두 기운은 서로 밀고 당기고 주고받고를 한다. 소위 교류를 하는 것이다.

이러한 음양 원리가 방의 배열 방식의 모델이 되었을 것으로 추정되는 집이 있다. 바로 조선의 최고 유학자 퇴계 이황이 기거했던 것으로 알려진 도산서당이다.

도산서당의 가운데에는 큰 방과 큰 마루가 있다. 큰 방 옆에 부엌으로 쓰였던 것으로 보이는 작은 방이 붙어 있고, 큰 마루 옆에 작은 마루가 붙어 있다. 집의 반은 마루, 나머지 반은 방으로 크게 구분할 수 있다. 반은 벽으로 막힌 공간, 다른 반은 벽으로 막혀 있지 않은 열린 공간, 즉 안과 밖의 두 가지 다른 속성으로 구성되었다 할 것이다. 하나는 음, 하나는 양인 셈이다. 흥미롭게도, 이들 다른 둘은 맞붙은 채로 우두커니 있는 것이 아니라 주고받고 서로 얽힌 것으로 보인다. 그 근거 하나가 큰 방 안에 있다. 방 안의 왼쪽에 기둥과 보로 이루어진 골조가 있다. 뒤쪽도 마찬가지로 골조가 그대로 노출되어 있다. (막혀 있지 않으니 벽장으로 쓸 수도 없고, 가뜩이나 비좁은 방에 자리를 차지하고 있어 불합리하기 짝이 없어 보인다.)

건너편 마루에 나가면 방에서 본 것과 달리 제대로 모양을 갖춘 골조를 볼 수 있다. 큰 방에 있던 골조의 원조쯤 된다 할까? 이런 생각과 함께 문뜩 마루의 이 골조가 방안으로 연장되어 들어간 것은 아닌지 의문이 생겨난다. 마침, 마루의 서까래가 방의 서까래와 같다. 보통 방의 경우 천정으로 막고는 하는데, 그러지 않고 그대로 둔 것이다. 이러다 보니 슬쩍 심증이 굳어진다. 보, 기둥뿐 아니라 서까

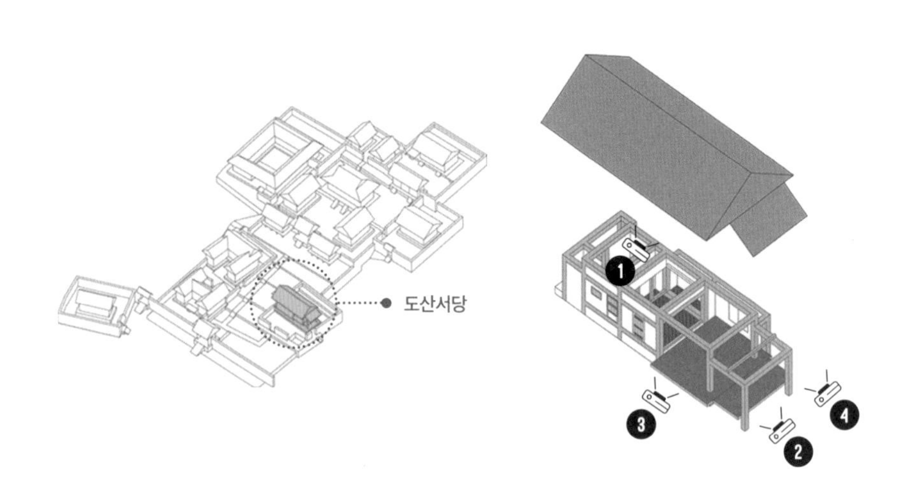

도산서당(한국, 경상북도, 안동)

큰 방

작은 마루 쪽에서

큰 마루 쪽에서

마루에 세워진 벽

래까지, 말하자면 골조 전체가 방안으로 연장되어 들어간 꼴이 되는 것이다.

이에 대해 방도 가만히 있지 않은 듯하다. 그 단서는 마루에 있다. 바로 마루 한 켠에 세워진 흙벽이 그것이다. 보통 마루에는 아예 벽이 없든가, 있더라도 나무 문짝과 나무판으로 된 벽이 놓인다. 그런데 보통 방에나 쓰이는 흙벽이 버티고 있다. 기둥과 보 등 나무 부재가 있고 사이에 흙이 채워진 방식의 그 흙벽 말이다. 이것이 혹 큰 방을 막고 있는 벽이 치고 나온 흔적이 아니냐는 것이다. 집 뒤로 돌아가면 이를 뒷받침할 단서를 찾을 수 있다. 마루에 있는 흙 벽과 방을 둘러싸고 있는 흙벽이 정확히 같은 선상에 있어 마치 하나로 이어져 있는 것처럼 되어 있다. 골조가 방안에 들어앉은 것에 응답이라도 하듯이, 마치 방을 막고 있는 벽체가 마루 쪽으로 연장되어 나아가고 있는 꼴이다. 쌍방이 맞물린 것이다.

구조가 이러니 두 공간의 속성 역시 이에 따를 수밖에 없을 터. 서로 섞이게 된다. 방이 마루를 대표하는 열린 속성을, 마루가 방을 대표하는 막힌 속성을 일부 가지게 된다. 달리 말하면, 두 공간 모두 안과 밖의 성격을 동시에 지니는 중성적인 공간이 된다고 할 것이다.

도산서당은 이황 선생이 직접 설계한 것으로 알려져 있다. 혹 선생은 이 집이 음양이라는 우주의 질서와 하나가 되기를, 그 안에 사는 사람 또한 우주와 하나가 되기를 원하셨던 것은 아닐까? 혹 선생이 그 희망을 달성하기 위해 애초 이렇게 독특한 배열을 도입한 것은 아닐까? 이리 묻는다면 나가도 한참 나간 것이 되려나?

도산서원 안에는 도산서당 말고도 농운정사가 있다. 서원에는 보통 동재와 서재로 불리는 건물이 있는데, 유생들이 기거하며 공부하는 곳이다. 농운정사가 이에 해당한다. 이 건물 역시 음양의 원리를 모델로 하여 방을 배열했음 직한 여러 정황이 있다. 이 집의 경우, 음양의 재료가 앞에서 본 도산서당과는 다르다. 꼭 짚어 이야기하면. 선배, 후배가 되겠다. 이들 간의 '이합집산'이랄까. 이를 소재로 한 방들의 배열이라 할 것이다.

'나눔' 과 '합침'이 어떻게 벌어지는지 들여다보자.

농운정사는 工자 형태로 되어있다. 工자를 가로로 자른 선을 중심으로 둘로 나뉜다. 각각 2개의 막힌 방과 1개의 대청이 하나의 단위를 이룬다. 즉, 2개의 단위로 나누어진 셈이다. 이 단위 둘 중 하나는 동재 그리고 다른 하나는 서재로 보면 된다. 그런데 이렇게 나누어진 동재와 서재가 한 지붕 아래 놓이면서 둘은 크게 합쳐진다.

두 단위가 만나는 경계를 보면, 방과 방 사이가 벽으로 확실하게 막혀 있다. 각자 영역이 제법 분리된 꼴이다. 그러함에도 이 둘은 마치 거울상처럼 그 크기와 배열이 같다. 이렇게 다시 합쳐진다. 단위를 이루는 공간의 하나인 대청이 상대 단위에 포함된 대청과 일정 거리를 두고 떨어져 있다. 이렇게 나누어지지만 서로 보이게 되면서 둘이 다시 합쳐진다. 두 대청 모두 3면은 막혀 있으나 한 면은 벽체가 없이 트여 있다. 흥미롭게도 그 방향이 상대방의 대청이 있는 쪽이다.

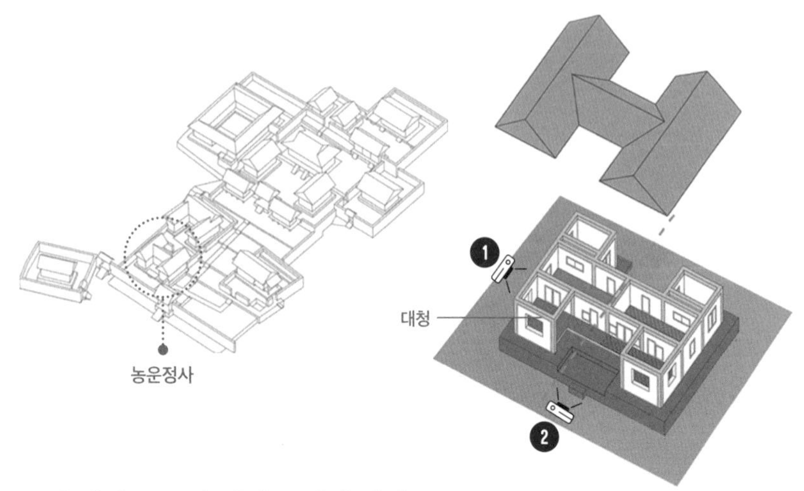

농운정사는 工자 형태로 되어 있다.
工자를 가로로 자른 선을 중심으로 나누어 보면,
대칭이라 할 만큼 양쪽의 조건이 같다.

서재에서 바라본 동재

서재와 동재 사이

각 단위에 포함된 방과 대청으로 진입하는 동선 그리고 입구가 따로 정해진다. 적어도 그곳을 드나드는 데 서로 간섭이 없다. 그런데 이렇게 나누진 것이 두 개의 단위를 이어 주는 툇마루에 의해 합쳐진다. 각 단위는 벽면 모습을 살짝 달리한다. 하나는 두 짝문+두 짝 작은 창, 다른 하나는 한 짝문+한 짝 작은 창, 이런 식으로 말이다. 하지만, 이들 앞에 놓인 작은 마당을 공유하게 되면서 그 나눔이 무력해져 버린다. 마당의 바닥이 기단처럼 지면보다 살짝 높게 올려져 있다. 거기에다 가운데 한 단짜리 계단까지 있다. 이들이 한 곳을 같이 써야만 하는 처지로 만들고 있다. 만약 마당의 바닥이 높지 않고 지면과 같았다면 '공유'란 말 붙이지 못했을 테다.

이런 농운정사를 두고 참 별별 생각이 다 든다.

구성원들 간의 위계, 유대, 간섭, 훈수, 토론, 논쟁, 감시, 본보기 등등 단어가 떠오른다. 합치자니 그렇고 나누자니 그렇고 한 것들이다. '혹시, 이황 선생께서 이들을 잘 한번 배합해 보겠다고 하신 것일까?' 아님, '이들 정체성이 그대로 드러나게 하려 하셨나?'

합치는 힘이 상대적으로 크게 느껴져서 그런지, 단어 중에 '유대'가 다소 크게 다가오기도 한다. 그 유대가 득도에 뜻을 둔 유생들 간의 결합을 염두에 둔 것이라면, 집은 그 지침서가 될 수도 있다. '혹 선생이 이런 것을 노렸을까?' '설마 그 유대가 '우리가 남이가?'와 같이 좀스러운 것은 아니겠지?'

방의 배열 하나가 이리 널리 이야기를 지어낼 수 있게 해 주고 있다. 배열의 또 다른 힘일 테다.

네 번째 사연, 외양

사람마다 제각각 다른 외모를 지녔듯이, 건물 역시 가지각색, 천차만별의 외양을 하고 있다. 그럼에도 불구하고 "요즘 건물들은 하나같이 똑같아. 다 콘크리트에, 통유리에…" " 한국은 어딜 가나 거의 같은 아파트가 숲처럼 들어서 있어 개성이 없어…"라고 불평하기 일쑤다. 왜 그럴까?

혹 그 이유가 건물의 외양을 뭉뚱그려 보기 때문은 아닐까? 인종, 지역, 나이대를 기준 삼아 사람의 외모를 보면 조금 더 명확하게 그 차이점과 유사점을 찾을 수 있듯이, 건물의 외양 역시 몇 가지 기준을 나침반 삼아 본다면 그리되될 수 있지 않을까? 아울러 그 나침반을 십분 활용하여 건물의 외양의 배후까지 밝힐 수 있다면 그만의 특이점까지 찾을 수 있지 않을까? 그랬는데도 다 똑같다고 할까?

일련의 이런 시도는 건물의 외양에 담긴 사연을 캐는 일과 다르지 않다. 건물이 똑같아 보이는 문제가 해결되는 소득이 덩달아 따라오는 일이기도 하다.

건물의 외양을 보는 기준으로, 동시대성을 반영한 '유행', 시각적 요소를 강조한 '치장', 의미에 중심을 둔 '상징' 이 세 가지를 추려 보았다. 오랫동안 널리 이 세 가지를 기준으로 건물의 외양이 생산, 보급되어 왔기 때문에 그 수가 꽤 된다. 그만큼 흔하여 대상을 어렵지 않게 접할 수 있다. 더군다나 세 가지 기준 모두 익숙한 것이어서 누구든 쉽게 접근할 수 있다. 기준을 정하는 데 이런 점들이 또한 고려되었다.

틀어진 건물, 그 유행의 사연

우리는 교과서에서 멀게는 비잔틴 양식, 고딕 양식, 바로크 양식, 로코코 양식 등을, 가까이는 모던 양식, 포스트모던 양식 등을 배웠다. 이러한 양식은 결국 공통된 형태의 외양, 즉 '한 사회 내에서 일정한 기간 동안 유사한 문화양식과 행동양식이 일정 수의 사람에게 공유되는 사회적 동조 현상'이라는 유행의 사전적 의미와도 닿아 있다.

그렇다면 건물 외양의 유행에는 어떤 것이 있고 그 유행은 또 어떻게 생겨나는가?

마치 요동을 치듯 둥글게 돌려진 혹은 뒤틀린 모양의 건물은 이

제 그다지 낯설지 않다. 동대문 디자인 플라자DDP로 대표되는 이들 건물이 제법 널리 퍼져 있기 때문이다. 불과 십여 년 전만 해도 이런 건물의 형태를 쉽게 보기 힘들었다. 지붕선도, 벽선도 일자로 수직을 이루는, 반듯한 모양의 건물이 주를 이루었다. 한마디로 유행이 바뀐 것이다. 편의상 이들을 '틀어진 건물'이라 부르자. DDP를 설계한 자하 하디드Zaha Hadid 의 초기작인 비트라Vitra 소방서는 이 '틀어진 건물'의 원조 격인 건물이다.

동대문 디자인 플라자(한국, 서울시)

과격하기까지 한 '운동감'에서 왠지 반항심이 내비친다.
가지런히 바로잡힌 기존 건축물들의 차분하고 단정한,
이런 안정적인 것에 대한 반동이랄까.

비트라 소방서(독일, 바덴뷔르템베르크주)

이 건물의 외양 어디에도 네모반듯한 곳이 없이 휘고 꺾여 있다. 건물이 다소곳이 서 있는 것이 아니라 마치 쭉쭉 뻗고 달리는 듯, 심지어 땅에서 들린 채 날고 있는 듯 요동을 치고 있다. 한마디로, '운동감'이 넘친다.

물론 흔히 접해 왔던 네모반듯한 평범한 건물에도 운동감은 있다. 높은 건물, 높은 지붕에서는 위로 솟는 느낌을, 낮은 건물에서는 아래로 내려앉는 느낌과 옆으로 뻗는 느낌을 받게 된다. 하지만 비트라 소방서와는 비할 바가 아니다. 여러 개의 묵직한 덩어리가 격렬히 비틀어지는, 여럿으로 쪼개지고 흩어져 사방으로 뻗치는, 엄청난 폭발력까지 느껴지는 비트라 소방서다. 운동감의 세기와 그 내용이 다르다 할 것이다. 월등히 강렬하고 또 다양하다.

미켈란젤로의 〈죽어 가는 노예〉에서 이와 유사한 운동감을 확인하게 된다. 왼팔이 들어 올려져 머리와 함께 뒤로 젖힌 부분을 보면, 일정한 방향으로 힘이 작용해 강하게 상승하고 비틀어지는 기운을, 더 나아가 격한 고통까지 느끼게 된다.

과격하기까지 한 '운동감'에서 왠지 반항심이 내비친다. 가지런히 바로잡힌 기존 건축물들의 차분하고 단정한, 이런 안정적인 것에 대한 반동이랄까.

'안정'은 질서 그리고 이성과 맞닿아 있다. 그 반대편에는 무질서, 그리고 감정, 감성이 자리 잡고 있다. 꽤 오랫동안 질서, 이성 중심의 세계관이 우리 사회, 특히 서양 세계를 주도했다. 그러면서 그 반대편의 것을 터부시했다. 이에 반발하는 것일 수 있다. 어느 한쪽

미켈란젤로의 〈죽어 가는 노예〉에서 이와 유사한 운동감을 확인하게 된다. 왼팔이 들어 올려져 머리와 함께 뒤로 젖힌 부분을 보면, 일정한 방향으로 힘이 작용해 강하게 상승하고 비틀어지는 기운을, 더 나아가 격한 고통까지 느끼게 된다.

미켈란젤로의 〈죽어 가는 노예〉

만을 인정하면 짝짝이로 살고 말 것이라는 문제 제기와 함께 반대편의 극단적인 본보기를 보여 주면서 말이다.

DDP를 보자. 반듯한 데가 하나 없이 모든 곳이 다 둥글게 구부러져 있다. 주변의 네모반듯한 건물의 외양과는 달리 끊어짐이 없는 하나의 연속된 모양이 계속 이어진다.

낯설어 보이나 건물의 모양으로 익숙하지 않을 뿐, 그 자체가 실제로 낯선 모양은 아니다. 나무, 새, 자리를 지키고 서 있는 바위와 돌멩이, 이것들이 어우러져 그려 내는 해안선, 능선, 지평선 할 것 없이 자연물의 모양이 모두 다 그렇다. 사람도 예외가 아니다. 모두 둥글게 구부러지며 하나로 계속 이어지는 모양으로 되어 있다. 건물이 이 모양을 취하는 것을 자연에 가까이하려는 것과 나란히 놓고 봄은 어떤가?

이는 또 다른 반발이기도 하다. 고대로부터 이어지면서 몸에 깊이 배어 있는 습관의 산물이자, 위와 아래, 앞과 뒤, 안과 밖 등 구별의 산물이기도 한 네모반듯한 건물을 통째로 부정하는 것일 수 있다.

만약 자하 하디드가 이와 견해를 같이한 것이라면, 그의 '틀어진 건물'은 건축, 사람, 세계의 근본을 향한 시각, 나름의 투철한 문제의식과 함께 그에 대한 고찰에 의해 만들어진 결과물이라 할 것이다. 꽤 차원 있는 과정이 빚어낸 값진 결실이다. 유행에 민감하여 늘 유행에 촉각을 곤두세우며, 유행이 지난 것에 심히 거북해하고 뒤처지는 것 같아 도저히 참기 힘들고, 그래서 유행을 꼭 쫓아가야 하는 '틀어진 과정' 중에 만들어진 '틀어진 건물'과는 엄연히 구분된다.

요즘 건축 설계 공모전에 나오는 설계안들을 보면 '틀어진 건물'이 참 많다. 이들 중에 '틀어진 과정'으로부터 자유로운 작품이 몇이나 될까? 어디서 들은 소리, 어떻게 나왔는지 무엇을 뜻하는지도 모른 채 막 소리만 지르고 있는 것 같아서, 상당수가 그리하는 것 같아서 하는 말이다. 유행이 안고 있는 불편한 진실, 유행의 부작용을 보여 주는 단면이라 할 것이다.

유리 외벽의 유행,
그 눈부신 사연

몇 년 전 제천의 한 스포츠센터에서 화재가 났을 때, 통유리 때문에 구조에 어려움이 있었는지를 두고 많은 이야기가 오갔다. 그런데, 엄격히 말하면 그 건물은 '통유리 건물'은 아니다. '유리와 유리를 잡아 주는 금속 틀로만 이루어진 외벽을 가진 건물'을 두고 통유리 건물이라고 한다면, 문제의 그 건물은 여기에 해당하지 않기 때문이다. 정통 통유리 건물을 가까이에서 찾자면 서울 잠실에 있는 롯데타워 정도가 되겠다.

1970년대 초 한국에 등장한 통유리 건물은 한동안 서울 도심 여기저기에 꽤 세워졌다. 주로 대기업의 사옥 혹은 사무용 고층 빌딩이었다. 지금은 많이 주춤해지기는 했으나 초고층 건물이나 소형 건물을 중심으로 꾸준히 이어지고 있다. 특히 초고층 건물은 거의 예외 없다 해도 과언이 아닐 정도로 통유리 외벽을 채용하고 있다. 이러한 건물이 어떻게 나오게 됐으며, 유행하게 되었는지 그 시작점으로 가 보자.

'통유리 건물'의 원조쯤 되는 것이 바로 1958년 뉴욕 마천루에 우뚝 세워진 시그램Seagram 빌딩이다. 마치 유리 덩어리처럼 생긴 이런 스타일의 건물은 이후 고층 건물을 중심으로 전 세계 도심 이곳저곳에 들어섰다. 달리 말하면, 이 유리 덩어리 같은 건물이 유행한 것이다. 벽돌도, 콘크리트도 아닌, 온통 유리 덩어리 같은 건물은 도대체 어떻게 해서 나온 것일까? 질문을 좀 달리해 보자. 왜 이전까지는 유리로만 만들어진, 이 매끈하고 멋진 건물을 만들 생각을 하지 못했을까?

초고층 건물을 지을 때 맞닥뜨려야 하는 큰 난관 하나가 있다. 바로 바람이다. 당연하게도 위로 올라갈수록 풍압이 높아지는데, 이 엄청난 바람을 상대해 날아가지 않게 단단히 고정되고, 깨지지 않게 버텨 주어야 한다. 이런 조건이 갖추어지지 않는다면, 상상하기도 싫은 일이 벌어진다. 이런 한계를 극복하는 기술, 즉 단단한 유리와 이 유리를 잡아 줄 튼튼한 창틀이 열쇠다. 풍압을 버틸 수 있는 유리, 창틀을 만들 수 있는 기술이 개발되었다고 해서 바로 초고층 유리 건물이 세워지는 것은 아니다. 그것을 건축에 적용해 보고자 아이디어를 내는 사람, 늘 저만치 앞서가는 사람, 새로운 가능성을 가만히 두고 보지 못하는 사람이 필요하다. 마침 당시 이 두 가지 조건이 갖추어진다. 그리고 '통유리 건물'이 실제 제안되기에 이른다.

제안된 '통유리 건물'과 수백 년 동안 이어져 온 건물을 비교할 때 가장 딴판인 한 가지는 장식이다. 서양에서는 돌을 깎아 만든 꽃 모양, 물결 모양, 사람 혹은 짐승 모양 등의 조각 장식을 건물에 붙였다. 어느 정도 비중이 있는 건물은 대개 이 장식들로 겉면을 덮어 치장했다. 이들 장식을 완전히 제거한, 말 그대로 유리 덩어리의 건물이 제안된 것이다.

초창기 진입은 녹녹하지 않았는데, 바로 이 장식이 그 이유와 무관하지 않다. 장식된 건물에 익숙했기에 너무들 낯을 가린 것이다. 장식이 가진 미적 효과의 위력은 의심할 여지가 없다. 이런 장식이 없는 '통유리 건물'은 상대적으로 밋밋해 보일 수 있다. 가죽을 벗겨 속살이 드러난 짐승 같다는 비난을 들을 만할 정도로 흉해 보일 수도 있다. 이와 같은 난관은 '통유리 건물'이 가지는 새로운, 고유한 미감으로 극복된다.

솔직, 절제, 정제가 주는 즐거움, '단순미'가 그중 하나다. 당시 소위 미니멀리즘이 주목 받았으니 이도 도움이 되었을 것이다. 건물을 이루는 기술, 그 기술이 자아내는 아름다움. 이름을 하나 지어내 붙이자면 '기술미'라고나 할까? 그 결과로 얻게 되는, 군더더기가 하나 없이 매끈하고 날렵한 외양은 새롭고 신기한 것으로 받아들이기 충분했다. 마저 이름 하나 지어내 붙이면, '첨단미', '세련미'라 할 것이다. 상대적으로 반대편에 서 있는, 돌, 벽돌로 이루어진 장식된 건물은 졸지에 무겁고 칙칙한, 고루한 것으로 전락되고 말았다.

1958년 이후 전 세계 도심 이곳저곳에 들어섰다.
달리 말하면, 이 유리 덩어리 같은 건물이 유행한 것이다.

대조적인 초고층 건물. 날렵한 '시그램 빌딩'(왼쪽, 미국, 뉴욕주)과
무거운 '아메리칸 슈러티American Surety 빌딩'(오른쪽, 미국, 뉴욕주)

건축 역사상 가장 획기적 사건의 하나인 '통유리 건물'의 파장은 상당히 컸다. 그래서 세계로 널리 퍼져나가 '통유리 건물'이 유행되었다. 하지만, '통유리 건물'은 기후에 취약하다는 맹점을 가지고 있다. 거의 전체 외벽이 고정된 유리이다 보니 단열 성능이 낮고 개폐가 제한적이게 된다(1장 〈창〉에서 살핀 것처럼, 여러 관련 기술이 발달되어 지금은 사정이 많이 나아지기는 했으나 기후에 취약한 단점은 여전히 안고 있다). 적정한 수준의 실내 공기를 유지하기 위해서는 인위적인 공급 장치에 의존할 수밖에 없다. 극한 기후에는 더욱 의존도가 높아질 수밖에 없다. 이러다 보니 비용을 비롯해 유지 관련한 문제가 크게 대두된다. 이런 문제의식과 함께 오일 쇼크를 거치면서 '통유리 건물' 의 유행이 시들해진다.

날지 못하는 유리 외벽의 한계, 유행의 안타까움

초고층 건물은 계속 조금씩 변해 왔다. 급기야 시그램 빌딩과는 다른 스타일이 등장을 하고 또 유행하게 된다. DZ 방크가 그중 하나다.

먼저, 둘 간에 가장 눈에 띄게 다른 점 몇 가지를 추려 보자. 시그램 빌딩이 하나의 육면체 덩어리인 데 반해, DZ 방크 빌딩은 여러 덩어리로 나누어져 있고 그중에는 원통형 덩어리까지 포함되어 있다. 시그램 빌딩과는 달리 재질 역시 유리만이 아니라, 일부에 금속판, 석재가 사용되었다. 또한, 시그램 빌딩에서 과감하게 없앴던 장식도 안테나, 날개 같은 모습으로 여기저기 나타난다. 더 이상 '유리통 건물'로 분류할 수 없게 된다.

DZ 방크 빌딩은 시그램 빌딩의 혁신을 되돌렸다. 왜 그랬을까? 혹 시그램 빌딩 등이 추구한 단순미에 회의적이지 않았나? 단순함은 자칫 단조로움이 되기 십상이다. '통유리 건물'의 외양? 한 번 보면 금세 파악되니, 두고두고 볼 일이 없게 된다. 지나치게 무뚝뚝하면 인정머리가 없어 보인다. 이것 딱 '유리통 건물' 이야기이다. 사람이 부대끼며 사는 집이라기보다는 차가운 기계 같은 인상을 준다. 모두 배척하기에 충분한 이유다. DZ 방크의 선택은 나름 명확하다. 건조함, 삭막함이 아니라 유연함과 풍요함을 좇으려 했던 것일 수 있다. 마치 '소 같은 며느리보다 여우 같은 며느리가 낫다'는 우리 어른들 말을 따르듯 말이다.

DZ 방크 빌딩이 시그램 빌딩과 다른 또 하나는 실루엣이다. DZ 방크 빌딩의 경우 아래가 두툼하고 위로 갈수록 작아지는 반면, 시그램 빌딩은 길쭉한 직사각형으로 위와 아래 폭이 똑같다. '하이라이즈빌딩high rise building', 초고층 건물의 영어 이름이다. '위로 쭉 높이 뻗는' 초고층 건물의 유전 형질에서 비롯된 것으로 짐작된다. 과연, 시그램 빌딩이 그 이름값을 제대로 하고 있는지 의문을 가지게 된다. 사람들에게는 어떤 모양을 한 물체를 보면, 그 모양을 더욱 밀고 나가 주기를 바라는 마음이 있는지 모른다. 생긴 것은 듬직한데

촐랑거리며 경솔하게 구는 등의 불일치한 행동이 왠지 어색하듯이 말이다. 시그램 빌딩 역시 이에 자유롭지 않다. 시그램 빌딩을 보면서 '위로 더욱 솟는 느낌'을 기대하면 다소 실망하게 된다. 또 한 가지, 사람들에게는 성경에 나오는 바벨탑의 건립을 촉발한 욕망 같은, 하늘에 닿고 싶은, 하늘과 땅이 연결되는 욕망이 실제로 있는지도 모른다. 이를 채우기에 시그램 빌딩은 다소 역부족이다. 크라이슬러 빌딩(1930년)의 실루엣을 보면 시그램 빌딩에 대한 불신이 더해진다. 위로 갈수록 작아지다가 마지막에 가서 뾰쪽하게 끝나는, 그래서 마치 위로 솟는 듯한, 하늘과 닿는 듯한, 결과적으로 땅과 하늘이 연결되는 듯한 상상을 하게 되니 말이다. DZ 방크가 이런 점을 높이 사 크라이슬러 빌딩을 자신의 프로토타 잎으로 삼은 것은 아닌가 싶다.

만약 이런 내용이 사실에 가깝다면, DZ 방크는 적어도 건축, 사람의 근본을 향한 시각, 그로 비롯된 문제의식과 함께 이를 해결하기 위한 노력의 산물이라 할 것이다. 이 점은 방금 난타를 당했던 시그램 빌딩 또한 예외일 수 없다. 오히려 그 깊이와 세기로 보면 한 체급 위다. 건축에서의 유행은 이렇게 깊은 데서 시작하여 무겁게 일어나기도 한다.

한때 다리에 딱 붙는 바지가 유행할 때가 있었다. 당시에는 통이 큰 바지를 입고 거울을 보면 왠지 무언가 맞지 않는 듯 어색했다. 결국 그 옷은 옷장 속에 묻혀 버렸다. 하지만 어느 순간엔가 너무 딱 붙는 바지는 촌스러운 것이 되었고, 슬며시 바지의 통은 적당하게

위로 갈수록 작아지다가 마지막에 가서 뾰쪽하게 끝나는,
그래서 마치 위로 솟는 듯한, 하늘과 닿는 듯한,
결과적으로 땅과 하늘이 연결되는 듯한 상상을 하게 된다.

DZ 방크 빌딩(독일, 프랑크푸르트)

크라이슬러 빌딩(미국, 뉴욕주)

넓어졌다. 결국, 옷장 속에 묻혀 버린 바지는 디자인이 형편없어서가 아니라, 우리 눈의 변덕스러움 때문에 외면 받았던 것이다.

건물 역시 우리 눈의 이러한 변덕스러움을 피해 갈 수 없다. 하지만 문제는, 건물은 옷처럼 두세 철만 입으면 본전 뽑았다는 생각으로 비교적 쉽게 사고 버릴 수 있는 물건이 아니라는 점이다. 짓는 것도 버리는 것도 보통 일이 아니다. 건물 하나 세워 올리는 것은 평생 한 번 할까 말까 한 일이다. 힘도 돈도 많이 든다. 이렇게 공을 들여 지은 집이 오래된 필름 속 패션을 볼 때처럼 우스꽝스럽게 느껴진다면 어찌하겠는가? 건축에서의 유행이 가볍게 취급될 수 없다는 점을 제안자, 추종자, 사용자 공급자 모두가 새겨 보았으면 한다. 비트라 소방서, DDP, 시그램 빌딩, DZ 방크 빌딩을 통해.

익숙한 건축 형태로 상징을 입히는 까닭

건물은 어떤 외양을 가지게 되면서 특정한 메시지를 내어놓게도 된다. 누군가는 이런 구조를 활용하여 메시지를 담은 외양을 일부러 만든다. 그 메시지가 외양을 통해 밖으로 내어지기를, 그리고 누군가에게 읽히기를 기대하는 것이다. 이처럼 건물의 외양이 표현의 매체가 되기도 한다. 이때, 기존하는 다른 사물의 모양을 가져다 쓰고는 한다. 대부분 사물에는 특정한 뜻이 결부되어 있다. 그 뜻이 따라와 내비쳐지기를 기대하는 것이다.

건물의 외양에 메시지를 담는 방법은 꽤 다양할 테지만, '다른 사물을 가져다 쓰는 방법'으로 범위를 정하고, 그중에서 크게 세 가지 정도를 살펴보도록 하자.

첫 번째, 다른 건물에 있는 형상을 가져다 쓰는 경우이다. 집회 때 자주 눈에 띄는 이들 가운데, 특수 부대 전투복을 입고 훈장을 달고 나오는 중장년층 남자들이 있다. 그들의 행동은 애국심의 발로로, 여차하여 물리력 행사를 하게 되면 사달이 날 것이라는 경고로 읽힌다. 그들이 걸치고 있는 복장에 나라를 위해 누구보다 더 많이 애를 썼다는 뜻만이 아니라 남달리 깡다구가 있다는 뜻이 씌워져 있기 때문이다. 특정한 뜻이 담긴 복장을 소기의 목적을 위해 활용하는 꼴이다. 물론 노린 만큼 그 효과를 누릴지는 별개로 하고 말이다.

이와 마찬가지의 메커니즘으로, 기존에 다른 건물에 쓰인 형상을 가져와 새로이 짓는 건물의 외양 전체 혹은 일부에 사용하고는 한다. 이를 통해, 가져온 형상에 담겨 있던 뜻이 그 건물에도 씌워지기를, 그래서 그 뜻이 메시지가 되어 밖으로 전달되기를 기대하는, 다분히 의도적인 이유로 말이다.

이런 구조를 확인하기에는 백악관이 제격이다. 건물 가운데에 삼각형의 지붕과 네 개의 기둥으로 이루어진 커다란 구조물이 있다. 일종의 포치다. 이 포치만 따로 떼어 놓고 보면 영락없이 고대 신전 전면의 형상이다. 백악관에 고대의 신전, 신의 이미지가 씌워진 것이다. 이 덕에 집이 그리고 그 집에 거주하는 자가 달리 보이기도 한다. 아니라고 시치미 뗄지 모르지만, 틀림없이 이 점을 노렸을 테다.

백악관

구조물의 규모로 봐서 상당한 격상을 꾀했던 것 같은데, 신에 버금가는 정도는 아니더라도 권위, 위엄 등등의 이미지가 어른거리니 나름 성공한 셈이다. 옛날 서양 건축물 중에 백악관처럼 신전의 형상을 끌어다가 붙인 사례를 어렵지 않게 만날 수 있다.

이제 눈을 돌려 대한민국의 청와대를 한번 보자. 우선 "청와대는 한옥인가?"라는 질문부터 하고 시작하자. 결론부터 말하자면, 겉모습은 한옥이되 그 속은 한옥이 아니다. 한옥이 한옥의 모습을 가지게 되는 데는 나름의 이유가 있다. 그중 하나가 재료다. 주요 재료가 나무와 흙이기 때문에 기둥이 노출될 수밖에 없고, 인방도 있어야 하고, 기와가 있어야 하고, 또한 긴 처마를 가진 지붕이 되어야 한다. 그런데 청와대 건물의 골조는 철근과 콘크리트가 합쳐진 철근 콘크리트로 되어 있다. 그 위에 부분 부분 돌을 얇게 잘라 붙였을 뿐이다. 철근 콘크리트 구조물은 일종의 주물이다. 원하는 모양을 만들어 내기 위한 형틀을 만들고 그 틀에 묽게 갠 콘크리트를 부어 넣고 이것이 굳은 다음 틀을 걷어 내는 것이다. 엄격히 본다면 벽과 기둥을 나눌 이유가 따로 없다. 기둥이 둥그렇게 되어야 할 다른 이유가, 튀어나와야 할 이유가 딱히 없다. 인방이 있어야 할 이유도 없다. 벽이 콘크리트로 되어 있으면 비에 그리 취약하지 않다. 그래서 긴 처마를 가질 이유도 없다. 물이 새지 않도록 지붕면 처리만 잘하면 경사를 가질 필요도 없고 굳이 기와를 얹을 이유도 없다. 오히려 이런 식의 모양내기는 콘크리트와 잘 안 맞는다. 형틀이 아주 복잡해지기 때문이다. 그만큼 더 고생하게 된다. 그럼에도 불구하고 억지로 한옥 모양을 만들어 냈다.

굳이 이렇게 한옥 흉내를 낸 이유는 무엇일까? 한옥이 한국 전통의 아이콘이기 때문이다. 일제 강점기에는 조선 총독 관저로, 이승만 정권 때는 경무대로 쓰였던 대한민국 근현대사의 흔적에 전통을 덧씌우려는 것은 아니었을까? 바로 근처에 있는 500여 년의 시간을 이어 붙여 권위를 끌어올리고, 덤으로 늘 아쉬웠던 정통성도 조금 채우려 했던 것은 아닌가?

청와대

청와대 지붕 밑의 공포는 권위를 부여하려는 의지를 보여 주는 증표다. 공포는 여러 개의 나무 조각을 서로 괴고 올리면서 만드는 장식이자 구조물이다. 몇 개의 조각으로 간단하게 만든 공포도 있지만 많은 조각을 쌓아 올려 만든 크고 화려한 것도 있다. 주로 사찰의 대웅전이나 궁궐에 있는 건물 중에도 왕이 거처하는 주요 건물에 이 크고 화려한 공포가 쓰였다. 저쪽 말을 빌리면 최고 존엄에만 쓰인 것이다. 이 스토리를 그대로 청와대에 가져다 입힌 것이다. 그것도 어렵게 돌을 깎고 붙이기까지 하면서 말이다. 이렇게까지 한 의도를 급을 올리겠다는 것 말고 달리 설명할 수 있겠는가?

주변 사물의 모양을 본떠 하고 싶은 이야기

두 번째, 외양이 마치 주변 사물의 모양을 본떠 만들어진 것 같은 건물들이 있다. 사리넨Eero Saarinen이 설계한 존 F. 케네디 국제공항의 TWATrans World Airlines 터미널이 그중 하나다. 이 건물의 유려한 곡선을 보며 다양한 모습을 떠올리고는 하나, 새의 동작으로 보는 견해가 가장 유력하다. 마치 중국 무술 영화에서 무예의 고수가 학의 자세를 취하듯 날개를 펴고 있는 모양이랄까?

예전에는 공항을 '비행장'이라고 부르고 했다. 비행기가 뜨고 내리는 곳이라는 말이다. 우리에게 가장 익숙한 비행체 가운데 하나는 역시 새다. 새를 내세워 이곳이 어떤 일이 벌어지는 장소인지를 교묘하게 나타내고 있다 할 것이다. 건물의 모양이 새가 날개를 펴고 막 비상하기 직전, 혹은 막 착지한 찰나를 떠올리게 하고, 또 그 기운마저 생생하게 전한다. 비행의 설렘과 긴장감, 혹은 착륙할 때의 안도감과 무관하지 않다. 건물의 외양이 사람의 기분을 이렇게 기분을 들었다 놓았다 할 수 있다는 점에 그저 말문이 막힐 따름이다.

홍콩의 HSBC 빌딩, 파리의 퐁피두 센터, 이 건물들을 보면 무엇이 떠오르는가? 홍콩의 HSBC 빌딩, 파리의 퐁피두 센터, 이들은 공통적으로, 보통은 건물 안에 있어 보이지 않는 기둥, 보 같은 구조체들과 내부에 공기를 전달하는 파이프, 물을 공급하는 파이프 등 설비 라인이 그대로 보이는 특이한 외양을 가지고 있다. '동력을 써서 일을 하는 장치', 기계의 사전적 의미다. 이 말을 두 건물에 가져다 대도 전혀 어색하지 않다. 오히려 건축의 한 단면인, 기계적인 속성을 여실히 보여 주고 있는 것 같아 자연스럽기까지 하다. 두 건물은 동력 운송 기계 가운데 특이하게도 뼈대와 각종 부품이 그대로 노출되어 있는 오토바이와 닮았다. 또한, 기계 장치의 매력을 한껏 살린, 유독 오토바이류의 탈것이 자주 등장하는 '스팀 펑크'라는 장르의 배경과도 두 건물이 분위기가 묘하게 닿아 있다. '인공적인 기계 문명의 속성'이 이들 모두를 관통하고 있다. 이렇다 보니, '혹, 오토바이가 그리고 스팀 펑크의 스타일이 애초 두 건물의 모티브가 아니었나?'라는 의심까지도 하게 된다.

마치 중국 무술 영화에서 무예의 고수가 학의 자세를 취하듯
날개를 펴고 있는 모양이랄까?
새가 날개를 펴고 막 비상하기 직전, 혹은 막 착지한 찰나를
떠올리게 하고, 또 그 기운마저 생생하게 전한다.

존 F. 케네디 국제공항의 TWA 터미널(미국, 뉴욕주)

HSBC 빌딩(홍콩)

퐁피두 센터(프랑스, 파리)

모양만 본뜬 건물에 아쉬움이 남는 이유

굳이 국외로 눈을 돌리지 않아도, 국내에도 사물의 모양을 본뜬 대형 건축물이 있다. 전통 방패연의 모양을 본떠 만들었다고 하는, 서울 상암 월드컵 경기장이 대표적인 예 중 하나다. 월드컵 개막식이 열리는 대표 경기장으로, 나라를 상징해야 한다는 요구와 동시에 객석 일부를 덮는 기능에 대한 요구 등을 전통 방패연을 빌려 수용하였다는 게 공식적인 설명이다. 비록 위에서 볼 때만 국한되지만 전통적인 맛도 난다. 어느 정도 기능성도 충족한다. 그런데 자꾸 뭔가 아쉬움이 드는 이유는 무엇일까?

앞서 예로 든, 존 F. 케네디 국제공항의 터미널, HSBC 빌딩, 퐁피두 센터를 불러내 보자. '공항'과 '새를 본뜬 건물의 외양' 간에 딱 맞아 떨어지는 맛이 있다. '건축architecture'과 '기계를 본뜬 건물의 외양'도 마찬가지다. 기호학의 용어를 빌자면 대상체와 표상체, 이 둘 사이에 연관이 있었다. 안타깝게도, 상암 월드컵 경기장의 방패연은 대상체를 찾기 힘들다. 축구? 스포츠? 골? 환호? 겨우 하나 뽑아 들 수 있는 것이 관중의 안락이다. 그런데 이것도 그렇다. 바람에 버텨야 하는 지붕과 바람을 타야 하는 방패연, 바람이 싫은 지붕과 바람이 반가운 방패연 둘 간의 속성이 서로 충돌한다. 이런 역설은 해석을 혼돈에 빠지게 한다.

이런 질문과 아쉬움은, 옛날 선비들이 쓰고 다니던 갓 모양을 본떠 지붕을 만들었다는 예술의 전당 오페라하우스에도 똑같이 이어질 수 있다. 음악, 음악인, 음악당, 예술, 그 어떤 것에서도 갓과의 연관성을 생각해 내기가 쉽지 않다. 그냥 '전통과 갓'이라는 불완전한 비유만이 덩그러니 남겨졌을 뿐이다.

물론 전통 자체를 터부시하는 것이 아니다. 덩그러니 혼자 배회하는 문제를 지적하는 것이다. 전통을 더욱 지겹고 지루하게 만드는 원인의 하나로 작용할 것이기 때문이다. 여러 전통적인 사물들을 끌어와 건물의 외양으로 쓰되 적어도 내양과 겉돌지 않고, 더 나아가 외양이 지혜롭게 굴어 내양이 빛이 나도록 하고, 외양이 유연하게 굴어 여러 다양한 내양이 될 수 있도록 하면 어떤가. 보는 이가 새로이 알게 되고 이렇게 저렇게도 생각하게 되니, 그 건물의 외양이 하나의 멋진 시구詩句처럼 다가오지 않겠는가.

사물의 내면을 닮고자 하는 건물의 이야기

세 번째로, 외양이 사물의 겉모양이 아니라 그 속성을 담아내려 한 건물의 이야기를 들어 보자. 해변가 절벽 위에 놓인, 카사 말라파르테Casa Malaparte라 불리는 저택이다. 집의 자세가 아주 특이하다. 바다에 덩그러니 놓인, 깎아지른 절벽이 둘러싼 바위산에 배를 깔고 낮게 엎드려 딱 붙어 있는 모양새다.

이 집은 왜 저러고 있는 것일까?

곳곳에 바위산과 하나가 되려는 듯한 낌새가 엿보인다. 이 집이 지금처럼 벽돌로 지어지지 않고 나무로 지어졌다면, 둘로 나뉘어 그리 볼 수 없을 테다. 만약 창문 등 개구부가 많았다면, 지금처럼 단단한 덩어리처럼 보이지 않을 테니 또한 그리 볼 수 없을 테다. 무엇보다 계단이 압권이다. 흔히 볼 수 있는, 집 한쪽에 조그맣게 만들어진 계단이 아니라 아예 집의 3분의 1 정도를 차지하고 있는 계단이다. 마침 평평한 옥상이고 그 옥상과 계단이 이어져 마치 하나처럼 되어 있다. 정체성에 대한 일종의 커밍아웃으로 읽힌다. 지붕이 아니라 발로 밟고 서는 바닥이란다. 이 덕에 납작하게 배를 깔고 엎드려 있다는 느낌이 더욱 세진다. 더더욱 바위산과 더욱 가깝게 붙

카사 말라파르테(이탈리아, 카프리 섬)

바위 집

은 모양새가 된다.

그래서일까? 앞에 커다란 바다가 펼쳐져 있는데도, 폭풍우가 몰려와 어떤 바람이 불고 파도가 치더라도 넘어지거나 휩쓸려가지 않고 끄떡없을 것만 같은 든든함이, 자신감이 느껴지기도 한다. 퍼즐이 어느 정도 맞추어지는 것 같지 않은가. 바위산의 성질을 본떠 그 모양을 취하고, 이를 통해 바위산과 일체가 되려 했다. 그렇게 되었고 그러면서 나름 소기의 목적도 달성한 셈이다.

바위 집Boulder House도 카사 말라파르테와 추구하는 바가 비슷해 보인다. 사막 한가운데, 제법 커다란 바위들 사이에 바위 하나가 웅크려 앉은 듯한 모양새다.

아무것도 없는 넓은 사막에 목조 건물 한 채가 딸랑 홀로 서 있다고 생각해 보자. 보통 부담스러운 일이 아닐 테다. 사막의 거대한 스케일에 눌려 건물이 위축되어 보일 것이다. 그 안에 있는 사람 역시 마찬가지로 느낄 테다. 집이 기본적으로 제공해야 하는 안정감, 안락감 등은 기대하기 힘들게 된다. 다행히 이 집은 다른 길을 갔다. 주변에 커다란 바위들 사이에 끼어들었다. 그러면서 일단 거대한 스케일의 사막이 그다지 위협적이지 않게 되었다. 거기다가 모양도 색도 질감도 바위와 같게 했다. 마치 카멜레온처럼 동화한 것이다. 단순히 큰 바위에 의지만 하는 것이 아니라 같이 손잡고 방어력을 한껏 높이고 있다 할 것이다. 바위의 성질을 본떠 그 모양을 취하고, 이를 통해 바위와 일체가 되려 했다. 그리되면서 이 집 역시 의도한 바를 어느 정도 이루었다.

테르메 팔스Therme Vals라는 실내 온천을 살펴보는 것도 꽤 흥미롭다. 어린 시절 동네 빈터에 쌓인 제법 큰 흙더미를 파내 그 안에 이런 저런 공간들을 만들어 본 경험이 있을 것이다. 이 집이 이런 방법으로 만들어졌다고 상상해 보는 것은 어떨까?

가장 먼저 흙더미의 외곽 부분부터 파낸다. 이 집으로 치면 문이나 창 등 개구부가 있는 부분이 되겠다. 처음 크기 그대로 안으로 조금 더 깊게 판다. 이 집으로 치면 개구부 옆에 있는 두꺼운 벽체가 되겠다. 안으로 그전보다는 조금은 크게 더 깊게 길게 판다. 이 집으로 치면 홀과 통로를 겸하고 있는 공동욕장이 되겠다. 이번에는 더 깊게, 아주 작게 여러 개를 판다. 이 집으로 치면 작은 사우나실들이 되겠다.

테르메 팔스 실내 온천(스위스, 그라우뷘덴주)

어린 시절 동네 빈터에 쌓인 제법 큰 흙더미를 파내어
그 안에 이런 저런 공간들을 만들어 본 경험이 있을 것이다.
이 집이 이런 방법으로 만들어졌다고
상상해 보는 것은 어떨까?

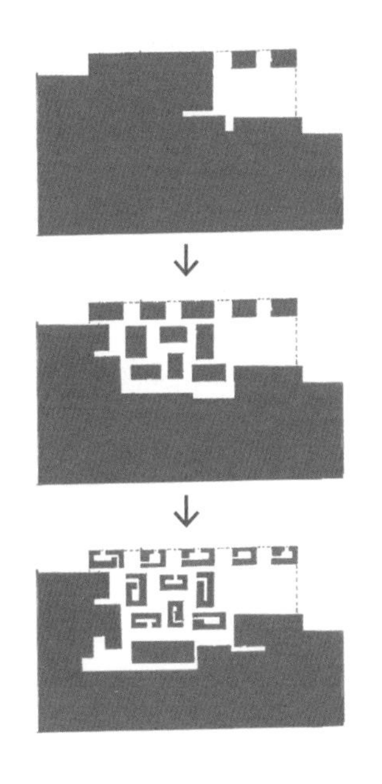

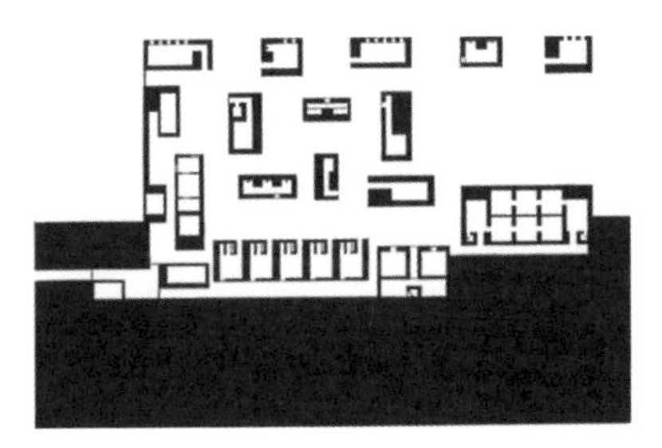

평면도

이런 진행과정progress이 틀림없다는 듯, 이 집은 여러 증거를 내어놓는다. 건물 외부의 벽과 내부의 벽이 모두 같은 재료인 돌로 되어 있는 점을 증거로 든다. 땅을 파고 들어가면 이렇게 이어져 있지 않겠냐고 되묻는다. 그러면서 지층을 연상시키는 벽의 무늬도 들어보인다. 통로, 공동욕장 바닥에 물이 있는 점을 또한 증거로 든다. 땅을 파고 들어가면 물이 고인 바닥이 있지 않더냐고 되묻는다. 사우나실의 수증기를 또 증거로 든다. 땅을 아주 깊게 파고 들어가면 가스가 나오지 않더냐고 묻는다. 이들 증거를 모두 인정한다면 이 집은 여지 없이 땅속이, 땅속 온천이 된다.

우리 주변에 온천이라는 간판을 단 시설들과 참 비교가 된다. 온천수라고는 하는데 실제 그런지 의심이 들고 뭔가 찜찜하지 않던가. 이 땅속 온천에서는 적어도 그런 기분은 들지 않을 것 같다. 아무리 가짜라도 말이다. 땅속의 성질을 본떠 만들어진 건물의 외양과 내양이(실제 보면 내외가 구분이 없지만) 이렇게 또 특별한, 재미난 생각을 하게 해 준다.

치장은 최소한의 예의이기도 하다

사람이 자신의 외양을 꾸미듯 건물의 외양 또한 꾸민다. 흥미롭게도 사람이 자신의 외양을 꾸미는 이유와 방법이 건물의 외양을 꾸밀 때와 크게 다르지 않다. 효과도 마찬가지. 사람이든 건물이든 꾸미는 것에 외양이 크게 영향을 받는다는 점은 별반 다르지 않다. 먼저, '치장'의 정수(?)를 보여 주는 듯한 서양의 오래된 한 건물부터 보자.

건물의 층과 층 사이로 보이는 곳에 띠를 둘렀다. 그냥 밋밋한 띠가 아니라 세 번 네 번 접혀 있는 띠다. 건물의 맨 꼭대기 역시 띠가 있는데, 다른 띠와 달리 큰 볼륨에 윗부분이 앞으로 튀어나와 있다. 창문 주변에는 아치를 둘러쳤다. 아치가 아닌 부분은 두터운 돌 테두리를 창문가에 둘렀다. 나머지 벽면 역시 그냥 놓아두지 않았다.

중간중간에 기둥 모양의 장식을 붙여 놓았다. 위에는 꽃 장식을, 밑에는 큰 돌로 네모 형태의 묵직한 기둥을 붙여 놓았다.

이들 대부분은 집이 무너지지 않도록 하는 것과는 크게 상관이 없다. 구조체가 아니라는 것이다. 벽 위에 조각들을 붙여 놓은 일종의 부조일 뿐, 이들을 모두 걷어 내도 건물은 멀쩡히 서 있을 수 있다. 말하자면, 덧대어 치장한 것이다. 이 치장이 외관 전체를 덮고 있다 해도 과언이 아닐 정도다.

이 건물에서 치장의 요소를 모두 한번 걷어 내 보자. 그저 박스 모양의 밋밋한 돌덩어리가 될 텐데, 이를 원래 외양과 비교해 보면 그 치장이 어느 정도인지를 알 수 있다. 서양의 오래된 저택, 교회, 궁 등 주요 건물에 이런 식의 치장을 했다. 가히 최고 단계의 치장이라 할 것이다. 서양의 옛날 건물 말고도 근현대 건물 역시 거의 모두 치장을 한다. 치장은 기둥이나 보, 벽, 바닥으로 이루어진 구조체의 외곽을 외장재로 포장하는 방식으로 이루어진다. 구조체라는 것이 주로 쇠 혹은 콘크리트로 거칠게 제작이 되어 그 자체로는 대체로 조잡하다. (최근 이런 것을 멋으로 삼아 일부러 그냥 두는 경우가 있는데, 그것도 따지고 보면 치장이다.) 이를 가리기 위해 잘 다듬은 돌, 금속판, 나무 등으로 된 소위 마감재를 구조체 바깥쪽에 붙인다. 이것도 곧 치장에 다름 아니다. 굳이 구분을 하자면, 기초 단계의 치장이라 할 것이다. 가리되 거기에 디자인을 한참 가미하는 경우도 있다. 아주 질 좋은 외장재를 쓰거나, 일정한 패턴을 도입하거나, 혹은 부분적으로 다른 재료를 써 변화를 주거나, 그중에도 다른 색 혹은 질감의 재료를 쓰거나 한다. 모두가 치장의 일환이다. 중급 단계의 치장이라 할 것이다.

이런 치장들을 통해 건물의 외양이 특출해지기도, 멋져지기도, 화려해지기도, 세련되어지기도, 우아해지기도, 단정해지기도 한다. 그러다 보면 외양이 각자의 개성을 가지게 된다. 이런 치장이 없다면, 집의 외양은 거칠고 너절하고 초라하고 심심하고 밋밋해질 수도, 심지어 흉해질 수도 있다.

여기서 끝나지 않고, 상대에 대해 성의 없는 것으로 더 나아가 예의 없는 것으로까지 번질 수 있다. 주인이 나 몰라라 하여 수년간 때가 묻은 채, 여기저기 떨어져 나가 덕지덕지 누더기를 뒤집어쓴 옆집, 나름의 사정이 있겠지만, 냉정하게 말하면 이런 집을 반길 사람은 없다. 누가 보든 말든 남의 이목은 전혀 상관없다는 듯 꼬질꼬질한 차림의 상대를 만났을 때 받는 무시당한다는 기분과 일면 같을 수 있기 때문이다.

또 다른 치장, 노출된 구조체의 멋

치장을 하지 않는다고 다 망하는 것은 아니다. 치장을 하지 않는 것과 깔끔한 것, 오래되어 꼬질꼬질한 것과 빈티지는 한끗 차이이듯 말이다. 따로 치장하지 않고 생긴 그대로인데, 치장과 맞먹는 효과를 가지는 경우가 있다. 말인즉, 부러 겉

멋을 덧붙이지 않았는데도 어느 것 못지않게 뛰어난 외모를 뽐내는 집이 있다. 이들 가운데 몇은 보통 이상의 효과를 내기도 한다. 아주 색다른 멋을, 특별한 이야기를 생산하기도 한다.

이에 딱 맞는 예로 '가시면류관 예배당Thorncrown chapel'을 들 수 있을 것 같다. 예배당 내부 공간 위쪽에 X자 모양을 이루고 있는 나무 부재들을 주목하자. 지붕을 받치고 있는 구조체로, 크게 두 가지의 일을 한다. 지붕으로부터 오는 위에서 누르는 무게를 잘 버텨 주는 일과, 동시에 그 무게를 받아 수직으로 서 있는 구조체에 잘 전달하는 일이다.

일반적으로 하중을 견딜 때는 길이가 문제가 된다. 전달하는 거리가 멀수록 구조체는 힘이 더 든다. 부재가 커져야 한다. 교량을 생각하면 이해가 쉽다. 교량의 아래쪽에는 교각들이 있고 이 교각들 위에 수평 부재가 놓이는데, 교각과 교각 사이가 멀수록 수평 부재는 더 두꺼워져야 한다. 교량이 길수록 그 위를 지나는 차량의 수가 많을 테고 그에 따라 교량이 감당해야 할 무게가 또한 커지기 때문이다. 큰 교량의 경우 사람 키보다 몇 배가 큰 부재가 놓여 있는 것을 볼 수 있는데 바로 이런 이치 때문이다.

이 역학의 원리를 염두에 두고 이 집 내부로 들어가 보자. 가운데에 기둥의 방해 없이 이처럼 넓은 공간을 유지하려면, 이곳 역시 꽤 큰 수평, 수직 부재가 필요하다. 이때 소위 트러스가 대안이 된다. 트러스란 얇고 긴 부재를 삼각형 모양으로 조립하여 부재들끼리 무게를 주고받으면서 멀리 있는 기둥 등 수직 부재까지 무게를 효과

가시면류관 예배당(미국, 아칸소주)

적으로 전달하는 능력을 가질 수 있도록 고안된 구조체다. 이 예배당에 있는 X자 모양의 구조체가 바로 트러스의 일종이다.

흥미롭게도, 이 구조체가 그대로 드러나 있다. 그런데도 그다지 흉하거나 조잡하지 않다. 오히려 이 구조체를 통해, 눌리고, 버티고, 힘차게 가로지르며 가장자리로 이동하고, 그러면서 아래로 내려가는, 이런 힘들의 집합을 그대로 느끼게 된다. 일종의 생생한 멋이 느껴진다고나 할까? 이러한 구조체를 무언가로 가리고 포장했다면 그저 넓고 시원한 느낌만 가졌을 텐데, 치장 없이 드러냄으로써 구조적 성질을 기반으로 한 생생함의 멋도 가지게 된다. 이것을 어떤 치장과 비교할 수 있을까?

건축에서 자주 쓰이는 아치라는 구조 형태가 있다. 주로 돌이나

아치 구조

벽돌로 만든 반원의 호 형태로, 아래에 공간을 만들어 내는 구조물이다. 이 구조물의 핵심은 둥근 모양이다. 단위 조각을 둥근 선형을 따라 배열하는 것이다. 이들 조각을 둥근 모양이 아닌 직선 모양으로 배열할 수도 있지만, 일정 길이를 넘을 수가 없다. 중력에 의한 하중 때문에 아래로 쏟아지기 때문이다. 이 하중을 버티게 만들어 주는 것이 바로 둥근 모양이다. 조각들이 둥글게 배열되어 하중이 옆으로 전달되기 때문에 조각들이 아래로 쏟아지지 않는 것이다. 심지어는 아치 위에 쌓여 있는 조각들의 무게까지도 받아 준다. 한낱 보잘것없는 조각으로 취급될 수도 있는 돌, 벽돌, 이 조각 안에 숨어 있는 저력을 아치라는 형태를 통해 끄집어내 보여 준 것이다. 가시면류관 예배당의 독특한 트러스 역시 얇고 긴 나무 부재 안에 숨겨진 저력, 즉 무게를 멀리까지 보내고, 견뎌 내고 커다란 공간을 만들어 낼 수 있는 잠재력을 끄집어내 주고 있으니 가히 아치급의 내공이라 할 것이다.

사실 이것만으로도 충분할진데, 푸짐한 이야기 보따리까지 내민다. 수많은 얇은 부재가 서로 엇갈리면서 공중에 떠 있는 모습이 흡사 무성하게 가지를 드리운 채 쭉 뻗은 나무를 연상케 하지 않는가? 일정한 부피를 가지고 공간을 차지하고 있는 모습도, 그것이 하늘을 덮고 있는 모습도, 사이사이 뚫려 있어 바람이 통하는 구조도 나무를 닮았다. 그래서 이 예배당에 들어가면 마치 울창한 숲속에 들어와 있는 듯하다. 인간이 만든 삭막한 도시가 아니라, 신이 만든 자연 속에서 신을 뵙는 듯하다.

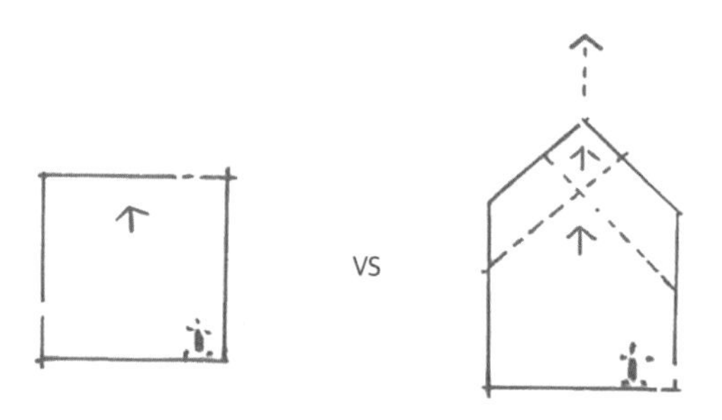

수많은 얇은 부재가 서로 엇갈리면서
공중에 떠 있는 모습이 흡사
무성하게 가지를 드리운 채 쭉 뻗은
나무를 연상케 하지 않는가?
이 예배당에 들어가면,
신이 만든 자연 속에서 신을 뵙는 듯하다.

뿐만 아니라, 층고가 높은 예배당은 자연스럽게 수직적인 관계를 만들어 낸다. 높은 층고는 물리적인 이동 거리만 늘리는 것이 아니라, 우리 눈이 좇아야 하는 거리도 같이 늘리기에 먼 공중으로 눈이 이동하면서 수직적 관계는 강화된다. 거기에 X트러스가 모여 이룬 삼각형 꼴이 더욱 눈을 위로 향하게 한다. 눈은 결국 지붕 중간중간에 뚫린 구멍을 통해 저 먼 하늘까지 닿게 된다.

눈이 끝없이 먼 곳을 좇고 있으니, 마음이 어디 다른 데 가겠는가. 저기 그분을 향해 있지 않겠는가. 마지막으로 하나 더. 공중에 떠 있는 수많은 얇은 부재를 보면서 하나님을 찬양하는 음성들이 예배당 공중을 가득 메우고 있는 것 같다고 하면, 좀 지나친 상상일까?

무거운 지붕

구조체를 무언가로 가리지 않고 그대로 드러냄으로써 탄생하는 구조적 성질을 기반으로 하는 생생함의 멋, 그 감흥을 말하는 데 한국의 전통 기와집을 빼놓을 수 없다.

우리 기와집에는 커다란 지붕이 있다. 지붕 밑에는 서까래, 보 등 여러 개의 나무 부재가 복잡하게 얽혀 있다. 그 밑에는 기둥, 인방 등 많은 나무 부재가 있다. 이들이 바로 구조체다. 그런데 이 구조체가 거의 그대로 노출되어 있다. 그러다 보니, 부재와 부재가 어떻게 얽혀 있고 작용하고 있는지 보인다. 생생함의 멋이 있다. 거기다가, 부재들이 어떤 힘을 받고 있으며 그 힘을 어떻게 전달하는지, 이를 추측할 수 있다면 그 멋은 배가 될 것이다. 지붕부터 살펴보자. 부재들에 걸리는 힘의 근원지가 지붕이기 때문이다. 우리 기와집은 지붕이 아주 무겁다. 지붕은 기와 그리고 밑에 쟁인 흙으로 되어 있는데, 이 둘을 합한 무게는 수 톤이다. 이 무게 때문에 지붕 밑에 있는 기둥과 보로 이루어진 나무 골격이 제대로 자리를 지키고 서 있을 수 있다.

중력에 의해 무게가 아래로 향한다. 무지막지한 덩치가 아래에 있는 나무로 된 골격을 짓누르는 꼴이다. 그만큼 골격은 안정적으로 서 있을 수 있다. 원리는 아주 간단하다. 막대를 혼자 세워 놓으면 불안정하다. 조금만 충격을 줘도 쉽게 움직인다. 이 막대를 위에서 지그시 누를 경우 사정이 달라진다. 그 무게만큼 막대의 버티는 힘은 세진다.

무거운 지붕은 골격에 도움을 주기는 하지만 부담을 주기도 한다. 자식이 주는 즐거움에 부양에 대한 부담이 따르듯이 골격에 도움이 되는 지붕의 무게가 거꾸로 부재가 짊어지어야 할 짐이 된다. 무게를 버텨야 한다. 그러지 않으면 집이 무너진다. 지붕 밑에 있는 아주 복잡하게 얽혀 있는 나무 부재들, 이것들이 모두 지붕의 무게와 관련이 있다고 해도 틀린 말이 아니다. 지붕의 무게를 버티고, 무게를 받아 이동시키고, 그 무게를 땅에 내려놓는 일을 하고 있다.

서까래와 보

부재 하나하나가 무게에 어떻게 작용하고 있는지 조금 자세히 살펴보자. 먼저 지붕 밑에 있는 부재를 만나 보자. 지붕 바로 밑에 서까래가 있다. 촘촘히 박혀 있는 둥근 부재다. 이 서까래가 지붕의 무게를 맨 먼저 받는다. 서까래 밑에는 지붕의 종 방향, 즉 서까래와 직각 방향으로 놓인 도리라는 부재가 있다. 서까래가 자기가 받은 무게를 이 도리라는 부재에 내려놓는다.

그리고 도리는 자기가 받은 무게를 수직으로 괴어진 짧은 부재를 통해 밑에 있는 보에 내려놓는다. 건물이 클 경우, 그래서 지붕이 클 경우 도리가 여러 개일 수 있다. 따라서 보도 여러 개가 된다. 보들 중 가장 아래 있는 보가 바로 대들보로, 위에 있는 도리들로부터 내려오는 무게를 받쳐 주는 부재다. 지붕 무게의 상당 부분을 받고 있는 가장 힘이 센 부재라고 할 수 있다. 보통 집안을 이끌어갈 기대주를 대들보라고 하는데, 바로 여기서 유래했다.

간혹 대들보가 휘어진 경우를 볼 수 있다. 휘어진 나무를 그대로 대들보로 쓴 경우다. 한껏 멋이 난다. 자연미라고나 할까? 이 자연미 가득한 대들보에서 무게와 이에 저항하는 힘의 작용을 볼 수 있다. 휘어진 상태에 주목하자. 휘어진 곳이 다른 데가 아니라 가운데다. 아래로 볼록한 것이 아니라 위로 볼록하다.

보의 경우 가운데가 가장 취약하다. 아래로 내리 누르는 힘, 소위 모멘트가 가장 큰 곳이다. 보를 지지하고 있는 기둥에서 멀수록 모멘트는 커지기 때문이다. 학교 철봉을 보면 가운데가 처진 것을 쉽게 볼 수 있을 것이다. 가운데에 많이들 매달려서 그렇기도 하지만 그곳이 가장 약한 부위이기 때문이기도 하다. 보의 가운데가 위로 볼록해지면 바로 이런 점이 보완된다. 이치는 간단하다. 위로 휘어진 철봉을 반대쪽으로 휘게 만드는 것은 반듯한 철봉을 휘게 만드는 것보다 힘이 두 배로 들 것이다. 다른 말로 하면 버티는 힘이 두 배가 된다. 보의 경우도 마찬가지다. 위로 볼록할 경우 아래로 끌어내리는 힘에 대해 저항이 그만큼 세진다. 부재 자체가 끌어내리는 힘을 위로 치켜올려 주는 일을 하고 있다. 바로 힘을 보태는 역할을 하고 있다.

처마는 왜?

기와집 지붕에는 항상 긴 처마가 따라다닌다. 서까래의 일부가 밖으로 뻗어 나오면서 처마가 만들어진다. 왜? 처마는 여러 가지로 중요한 기능을 한다. 해를 가려 주고 비가 안으로 뿌리는 것을 막아 준다. 차양이 큰 갓을 쓴 것처럼 건물 모양도 아주 의젓하게 보이게 해 준다. 그것도 모자라 구조적 역할까지도 한다. 기둥이 균형을 잡고 서 있을 수 있도록 힘을 실어 준다.

우리 기와집의 지붕은 경사를 이루고 있다. 육중한 무게가 경사를 타고 내려오게 되어 있다. 그러면서 이 무게가 기둥에 도달하게

지붕 밑에 있는 부재

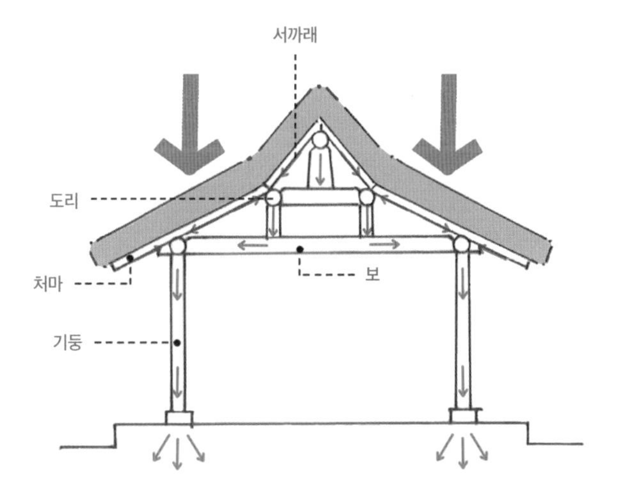

위로 볼록한 대들보

된다. 이럴 경우 기둥의 좌우 균형이 흐트러질 수 있다. 한쪽에 힘이 편중되기 때문이다. 결과적으로 바람 등 옆에서 오는 충격이 가해질 때 특히 취약해질 수 있는 약점이 된다. 이런 문제는 반대 방향으로 힘을 주면 다소 해결될 수 있다. 이치는 간단하다. 한쪽 손에만 물건을 들고 갈 때는 자꾸 기우뚱거리고 균형을 잡기 어렵지만, 양쪽에 물건을 들면 좌우 균형이 잡혀 기우뚱거리지는 않는다. 길게 빠져나온 처마가 바로 그 역할을 하고 있지 않나 싶다. 긴 처마가 안쪽에서 기둥을 향해 오는 힘의 반대편을 지그시 눌러 준다. 그러면서 기둥이 균형을 잡을 수 있도록 도와준다. 만약에 기둥이 혼자 이런 힘을 모두 버텨 내야 한다면? 가능하기는 하겠지만 그 부담이 제법 만만치 않다는 것을 부정하기는 힘들 것이다.

처마 밑에 일명 공포라는 구조물이 들어서 있는 경우가 있다. 이 공포는 장식적인 역할 못지않게 구조적인 역할을 하는 것으로 알려져 있다. 공포는 바깥쪽의 긴 처마 밑에 혹은 보 밑에 기둥과 만나는 지점에 역삼각형의 모양으로 놓인다. 그러면서 처마와 보에 머무른 힘을 받아 기둥에 전달하는 역할을 한다. 즉, 힘이 기둥까지 오기를 가만히 기다리는 것이 아니라, 미리 앞으로 뻗어 나가 그 무게를 받아 오는 것이다. 이렇게 처마와 보가 감당해야 할 힘을 재빨리 덜어주니 처마와 보의 부담이 그만큼 줄어든다.

공포는 처마와 보에 머무른 힘을 받아
기둥에 전달하는 역할을 한다.
즉, 힘이 기둥까지 오기를 가만히 기다리는 것이 아니라,
미리 앞으로 뻗어 나가 그 무게를 받아 오는 것이다.

공포

배흘림 기둥

보 밑에는 기둥들이 있다. 위에서 받은 엄청난 무게를 받은 보들이 그 무게를 기둥에 내려놓고 기둥은 이 무게를 밑에 깔려 있는 주춧돌에 내려놓는다. 주춧돌이 그 무게를 땅에 내려놓으면서 지붕 무게의 여정은 끝이 난다.

큰 건물의 경우 기둥 가운데가 약간 두꺼운 경우가 있다. 전문 용어로 배흘림이다. 이 배흘림에서, 기둥이 무게 때문에 겪는 부담을 알 수 있다.

보와 마찬가지로 기둥도 중간 지점이 약하다는 약점을 가지고 있다. 옆으로 휘고자 하는 힘, 즉 모멘트가 가장 큰 곳이다. 긴 나무 막대를 세워 놓고 위에서 누르면, 가운데가 가장 심하게 휘고, 부러질 때 가운데가 부러지는 이유다. 이런 약점은 중간을 두툼하게 함으로써 보완될 수 있다. 모멘트에 저항하는 힘은 두께에 비례하기 때문이다. 나무가 두꺼울수록 부러뜨리기 힘든 것과 같다. 지붕의 무게가 기둥을 타고 내려오는데 중간에서 주춤할 수 있다. 지탱하는 힘이 약하기 때문이다. "혹시라도 거기서 뚝?" 이처럼 걱정에 차 있는 무게를 배흘림이 나서서 받아 내는 식이다. 기둥 전체를 두껍게 하는 대신 취약한 부분을 살짝 보완해 무게가 안전하게 지나갈 수 있게 한 것이다.

주춧돌의 힘

기둥을 괴고 있는 주춧돌에도 몇몇 특별한 힘의 작용들이 있다. 주춧돌로 보통 넓적한 모양의 돌이 사용된다. 기둥으로부터 내려온 무게가 땅에 넓게 퍼지도록 하기 위해서다. 주춧돌이 좁을 경우 무게가 한 곳에 모인다. 이 무게가 땅에 부담이 될 수 있다. 땅이 아주 단단하지 않으면 가라앉을 수도 있다. 기둥과 주춧돌이 만나는 부분에도 매우 특별한 힘의 작용이 있다. 주춧돌은 보통 가공되지 않는다. 자연 상태인 돌을 그대로 쓴다. 물론 다 그렇지는 않다. 궁궐 등 큰 건물의 경우 주춧돌을 가공하는 경우가 있다. 돌을 반듯하게 가공하기도 한다. 기둥과 닿는 부분에 1 센티미터 정도 높이의 볼록한 턱을 만들어 놓기도 한다. 턱은 기둥의 단면 모양을 따라 둥글게 혹은 네모진 모양으로 가공한다. 비가 올 경우 주춧돌과 만나는 기둥 끝이 젖지 않도록 하기 위한 노림수로 추측된다.

오히려 기둥은 약간 가공한다. 돌과 만나는 부분의 기둥 밑 부분을 돌의 상태를 따라 파내는 것이다. 이런 가공 덕에 주춧돌과 기둥 사이에 마찰력이 높아진다. 육중한 무게를 가진 기둥이지만 혹시 옆으로 삐끗 비켜날지도 모르는 일. 주춧돌이 이를 걱정해서 기둥을 붙들어 매고 있는 것이다. 비록 동작은 작지만 매우 큰 힘과 맞서고 있는 형국이다.

기와집 전체

조금 떨어져 기와집 전체를 보자. 각 부재에다 지금까지 살펴본 힘들을 모두 투영해 보자. 어떤가? 그러면서 지붕에서부터 주춧돌까지 힘이 흘러 내려오는 이미지를 떠올려 보자. '생생함의 멋' 그 감흥이 일지 않는가? 혹 쉽게 그리 되지 않는다면, 서예를 감상하듯 이 집을 보면 어떤가? 글자를 이루는 한 획 한 획의 움직임, 선 하나하나의 방향, 굵기, 속도, 무게를 따지고 이들의 운동을 보듯, 기와집을 이루는 부재 하나 하나를 보고 부재의 방향, 굵기, 속도, 무게를 느끼면서 그 흐름을 느껴 보는 것이다.(다소 지루함에도 불구하고 부재 하나하나를 앞에서 길게 살펴본 이유는 이런 연상 작업에 도움이 되지 않을까 해서였다.)

왜 주춧돌이 매끈하게 가공되지 않은 채 사용된 것일까? 혹 이런 이유는 아니었을까? 우리 조상들은 세상 모든 사물에 생명이 있다고 생각했다. 돌과 같은 무기물도 예외가 아니었다. 그런 생각을 가지고 있는데, 돌을 깨고 갈아 낼 수 있었을까? 측은지심을 제일의 덕으로 삼고 살았던 조상들이 아닌가. 돌도 우리 사람처럼 지독히 아플 수 있을 것이라 생각하지 않았겠는가. 가공되지 않은 주춧돌에 조상들의 이런 어진 마음씨가 깃들어 있는 것이 아닌가.

이렇게 생각해 볼 수도 있다. 깨어지고 갈리면서 독이 바짝 오른 돌이 집을 받치고 있다면 아주 흉한 일이니, 자신의 몸을 지키고 있는 집을 그런 돌에 내맡기고 의지한다는 것이 영 내키지 않았을 뿐이라고. 결국 자기 입장을 생각해서 그랬을 것이라고? 글쎄, 판단은 각자의 몫이다.

주춧돌에만 해당되는 이야기가 아닐지 모른다. 정도는 다르지만, 상부에 있는 구조체를 이루는 나무들 역시 형편이 같다. 가공되지 않은 편이다. 가까운 일본, 중국에도 기와집이 있다. 이들의 경우, 보통 나무 부재가 매끈하게 다듬어져 있다. 이들에 비해 우리 기와집은 훨씬 덜 다듬어졌다. 다듬되 원래 자연의 상태가 완전하게 사라지지는 않을 정도다. 여기에도 같은 마음씨가 녹아 있는 것 아닐까? 생명체일진대, 잘라다 쓰는 것도 고맙고 또한 미안할진대, 살을 싹싹 발라 댄다? 이것이 과연 할 일이라 생각했을까? 몸도 몸이지만 상대의 정체성을 싹 뭉개는, 그래서 마음에 상처를 낸다는 것이 썩 내키는 일이었을까? 구조체가 치장에 가려지지 않고 온전히 노출되다 보니 생각이 또 여기까지 미치게 된다.

다섯 번째 사연, 마당

요즘 들어 아파트 대신 단독주택을 갈망하는 사람이 점점 많아지고 있다. 여러 이유가 있겠지만, 손꼽을 수 있는 이유 중 하나는 마당의 매력이지 않을까 싶다. 흔히 이야기하는 전원생활의 중심에도 마당이 있다. 말 그대로 자연과 함께하는 여유로운 생활이 마당을 통해 구현되기 때문이다. 이 마당에서는 많은 일이 이루어진다. 심심할 때 서성이기도 하고, 놀기도 하고, 채소 혹은 화초를 키우기도 한다. 때로는 밥도 먹는다. 이 밖에도 마당에서 할 수 있는 일은 셀 수 없이 많다. 그만큼 삶이 풍요로워진다.

마당을 가지는 것, 그 자체만으로도 참 고마운 일이 아닐 수 없다. 그런데 이런 마당을 상대로 다른 많은 것을 더 요구한다면, 지나친 욕심일까? 몇몇 옛날 양반집 마당을 보고 있으면 이 욕심을 쉽게 누를 수가 없다. 근사한 내용도 그렇지만 이를 얻는 방법이 그리 어려워 보이지 않기 때문이다. 이런 사정을 중심으로 마당 이야기를 해 보려 한다.

사람에게 열려 있는 마당

아름다운 마당도 좋겠지만, 아무리 아름다워도 들어갈 수 없다면, 쉽게 접할 수 없다면, 그림의 떡일 테다. 일단은 접하기 쉽고 친근한 마당이라야 좋은 마당이라 할 수 있지 않을까? 달리 말한다면, 사람과 가까운 마당이라고도 할 수 있다. 그렇다면 어떻게 해야 마당이 사람과 가까워질 수 있을까?

한옥의 일반적인 구조를 한번 보자. 우리 옛날 양반 집의 경우, 대개 방이 일렬로 나열된다. 모아져 있지 않고 길게 쭉 늘어 놓은 형태다. 그 결과, 적어도 방의 2면, 많으면 3면이 외부에 면한다. 그리고 보통 마당은 방이 들어선 건물의 앞과 뒤에 들어선다. 옆에 조그만 마당이 있는 경우도 있다. 결국, 방 하나가 2개 혹은 3개의 마당에 면하는 상황이 생긴다. 그리고 마당에 면한 방의 벽면에는 보통 창호가 나 있어서, 이 문만 열면 언제든 마당을 바라볼 수 있다. 이러니 그 방에 거하는 사람이 마당을 접할 수 있는 기회가 많아지는 것이다. 사람과 마당이 가까워진다는 이야기다.

또한, 옛날 집 창호는 사람이 들락거릴 수도 있게 되어 있는 경우가 많아 직접 나가기도 수월하다. 보는 데 그치지 않고 직접 몸을 담

문만 열면 언제든 마당을 바라볼 수 있다.
이러니 그 방에 거하는 사람이 마당을 접할 수 있는 기회가 많아지는 것이다. 사람과 마당이 가까워진다는 이야기다.

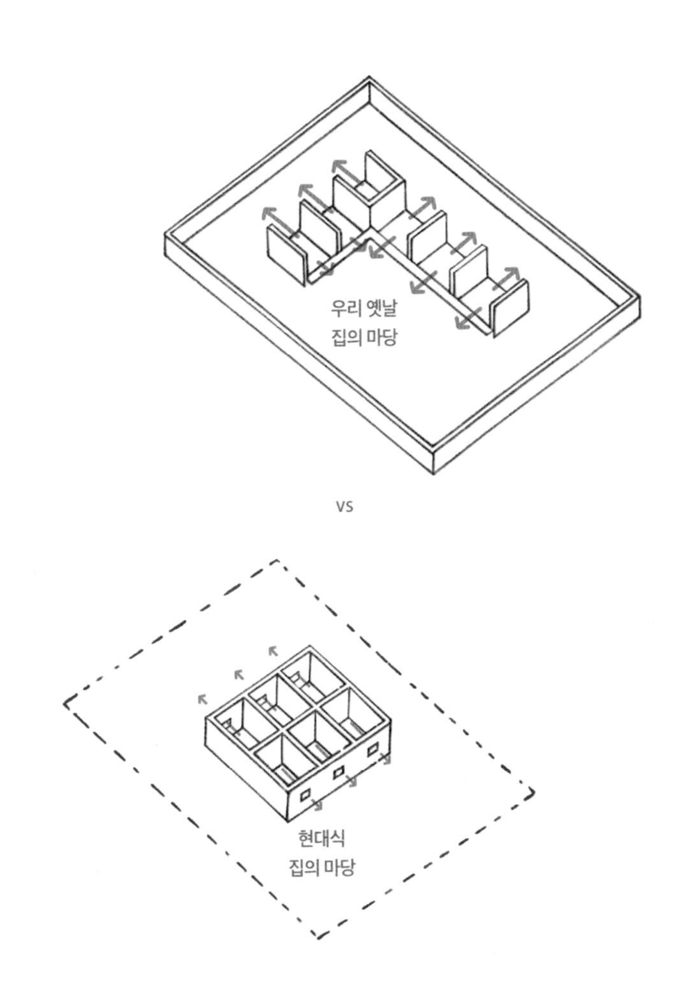

글 수 있는 것이다. 이런 구조 덕에 사람과 마당이 더욱 가까워질 수 있다.

앞에서 살펴보았던 향단의 사랑방을 떠올려 보자. 앞마당, 뒷마당, 안마당으로 둘러싸여 있고 각각의 마당을 향해 창호가 나 있다. 그리고 하나 더, 우리 옛날 집에는 툇마루, 대청마루 등 곳곳에 마루가 있다. 이 마루 또한 사람과 마당을 더욱 가깝게 해 준다.

툇마루 하면 어떤 그림이 떠오르는가? 아마도 누군가 걸터앉아 있는 모습을 떠올리는 사람이 많을 테다. 일을 하다가 잠시 쉬기 위해, 잠시 이야기하기 위해, 아니면 밥을 먹기 위해… 신도 벗지 않은 채 대충 걸터앉은 모습 말이다. 마루의 높이도 그런 자세에 딱 적당하고, 벽이나 창호가 없이 열려 있어 이렇게 걸터앉기 참 쉽다. 이것은 곧 너무도 자연스럽게 마당으로 갈 수 있다는 것을 뜻하기도 한다. 마루가 있기에 집과 마당은 이렇게 더 가까워진다.

마지막으로, 우리 옛날 양반 집의 담 역시 사람과 마당을 가깝게 해 준다. 담의 구조를 먼저 살펴보자. 돌과 흙으로 되어 있으며 제법 높이가 있다. 이런 담인지라 마당과 집 바깥을 꽤 뚜렷하게 구분해 준다. 마당을 따로 떼어 그 영역을 보장해 주는 셈이다. 마당을 거기 사는 사람들만의 영역으로 만들어 주는 것이다. 이러니 마당이 더욱 가깝게 느껴질 테다. 또한, 담은 마당으로 들어오는 바깥세상의 인자들, 즉 햇빛, 비, 바람, 공기, 계절, 새 등을 마당과 거기 사는 사람만의 것으로 만들어 준다. 뿐만 아니라, 마당 주변에 둘러쳐진 담은 집 바깥으로부터 시선과 접근을 차단한다. 그 덕에 마음대로 방문을 열어 놓고 눈치 보지 않고 행동할 수 있다. 마당 주변에 담을 두른 덕에, 방과 마당의 경계가 약해지고, 사람과 마당은 더 가까워지는 것이다. 담이 사람과 마당을 허물없는 사이로 만들어 주는 것이다.

방은 막히고 마당은 열린 요즘 집

요즘 꽤 많은 사람이 선망하는 소위 전원주택이라 불리는 집, 서양의 주택을 흉내 내 짓는 집, 여기에도 마당이 있다. 이 마당 때문에 전원주택을 꿈꾸기도 한다. 집 앞의 공간이라는 점에서는 우리 옛날 양반 집의 마당과 다를 바 없어 보인다. 그런데 내용만큼은 여러모로 많이 다르다.

일단, 이들 주택에서는 우리 옛날 양반 집에 있던 담은 볼 수 없다. 아예 담이 없든지, 조경수가 담의 역할을 대신한다. 담이 있어도, 여러 개의 좁은 나무판을 서로 대어 짜 맞춘 낮은 담이거나 뚫려 있는 담인 경우가 많다. 건물의 스타일뿐 아니라 담도 함께 서양에서 들여온 것이다. 이러한 전원주택이 아니더라도, 개발이 되어 새로이 조성된 소위 단독주택 단지 안에 들어서는 주택들 역시 한결같이 담이 없다. 그 이유는 규제 때문이다. 관련 규정을 정해 담을 세우지 못하도록 강제하고 있다. 서양, 특히 미국의 주택 단지를 모델로 삼지 않았나 싶다. 거기에도 막힌 담이 없다.

미국의 일부 지역에서는 마당의 잔디를 제때 깎지 않으면 벌금을

내게 한다. 뭇사람에게 보기 싫은 경관을 제공한 데 대한 벌칙이다. 일정 정도 마당을 자신만의 것으로 보지 않고 다른 사람과 일부 공유하는 것으로, 사회적 장소의 일부로 보는 셈이다. 그러니 마당은 속옷 차림으로 늘어지게 기지개 켤 수 있는 개인적인 장소로 간주되지 않는다. 그렇다고 마당을 다 내어놓는 것은 아니다. 누군가 경계를 넘을라치면 아주 민감하게 반응하기 때문이다. 영화에서 잠옷 바람에 총을 들고 나오는 장면은 그 단면을 보여 준다.

막혀 있지 않다 보니 시야가 트여 답답하지 않아 시원하고, 뭇사람에게 개방되어 여러 사람과 소통할 수 있으며, 또 이를 통해 주민 간의 공동체 의식이 높아지는 등 꽤 무시할 수 없는 장점들이 있다. 반면, 나만의 공간이라는 느낌은 상대적으로 줄어들 수밖에 없다. 당연히 마당에서의 행동이 제약을 받는다. 지나가는 사람, 옆집 사는 사람이 자기 집 마당을 다 들여다볼 수 있으니 그럴 수밖에 없다. 이런 상황은 방과 그곳에서의 행동거지에까지 영향을 끼친다. 창을 크게 내거나 열기가 상당히 부담스럽다. 시선, 안전이 다 문제가 된다. 특히 밤에는 커튼으로 꼭꼭 창문을 가려야 한다. 방안이 바깥보다 밝아 내부가 훤히 비치기 때문이다. 우리 정서로는 참으로 편치 않은 일들이다. 하긴, 이런 조건을 두고, 이웃이 지켜볼 수 있게 되어 오히려 범죄 등을 방지할 수 있어 좋다고 주장하는 이들도 있지만 말이다.

마당이 이렇게 서로 다를 수 있다. 어찌 보면 자연스러운 일이다. 하지만 그것이 강요나 일방적인 규제에 의한 것이라면 조금 다른 문제다. 막힌 담이 뭇사람에게 위화감을 준다는, 답답하게 한다는, 미관상 좋지 않다는, 혹은 주민 간에 잘 지내라는 것이 규정의 취지라면 아주 터무니없지는 않다. 하지만 자칫 문화적 차이를 인정하지 않는 일이 된다. 작게는 개인의 취향이나 생각을 보편화하거나 처한 상황을 무시하는 일이 된다. 일방적으로 규제하는 것은 조금 다른 문제다.

주택이 들어선 부지가 매우 협소한 경우, 막힌 담이 둘러쳐지면 더 답답할 테다. 그나마 손바닥만 한 마당이 담으로 꽉 막히니 말이다. 실제로 주변에 개발을 통해 공급되는 부지가 대체로 작다. 혹 이런 폐해를 우려하여 생겨난 규제라면, 카사 가스파르Casa Gaspar의 마당(160쪽 참조)은 어떻게 설명할 것인가?

본시 부지가 크지 않다. 그리 크지 않은 마당을 높은 담이 둘러치고 있다. 보기에 따라 답답하다고 할 수는 있다. 그런데 이것을 두고 아늑하다고 할 수도 있다. 보호되었다고, 차단되었다고, 그래서 온전히 나만의 마당이 되었다고 할 수 있다. 그러면서 자신만의 하늘을 가지게 되고 더불어 하늘과 가까이 지내게 되었다고 할 수 있다. 그뿐이겠는가. 마당에 떨어지는 비는 또 어쩌겠는가. 햇빛은 어쩌겠는가. 아울러, 마치 건물 내부와도 같은, 건물 내부와 하나로 이어진 듯한 특별한 분위기를 띤 마당을 가졌다고, 하나가 아니고 큰 마당, 작은 마당, 여러 개 다양한 마당을 가졌다고 하지 않겠는가. 이런 일을 누가 주도하고 있는가. 담 아닌가? 그것도 그냥 담이 아니라 무지하게 높고 꽉 막혀 시선을 더 갈데없이 만드는, 규정이 몹서 마당은 작고, 담으로 꽉 막혀 있다.
그런데도 답답하지 않다.
내부 같은 외부, 내부와 친한 외부 등
특별한 분위기를 조성하고 있다.

카사 가스파르(스페인, 카디스주)

리치며 거부할 만한 담이 아닌가.

우리 옛날 양반 집 마당도 항상 담과 같이한다. 카사 가스파르의 담처럼 무지막지하지는 않지만, 제법 높고 막힌 담과 말이다. 그러면서도 다른 어느 것과도 견줄 수 없는 여러 근사한 내용을 보유하게 된다. 앞으로 펼쳐질 우리 마당의 이야기가 이런 사실을 충분히 증명해 줄 것으로 본다. 이후, 담에 관한 규정에 대해 또 어떤 반감이 생길지 모르겠다.

흙으로 된 마당이 세상과 교류하는 방식

우리가 흔히 접하는 마당은 그냥 흙바닥인 경우가 별로 없다. 잔디를 깔거나 그 일부에 보도블록 혹은 자연석을 깔아 놓기도 하고, 잘 다듬어진 돌 혹은 잔자갈, 아니면 시멘트로 포장하는 경우가 대다수다. 왜 이렇게 마당에 무엇을 덧댈까?

예를 들어, 잔디를 깐 경우를 생각해 보자. 우선, 맨흙보다 잔디 위에서는 앉거나 뒹굴기 편하고, 걸을 때 촉감도 좋다. 초록의 잔디가 만들어 내는 풍광 또한 눈을 퍽이나 즐겁게 해 준다. 바람이 불 때 흙먼지 날릴 일 없고 비온 뒤 한동안 바닥이 질척거릴 일도 없으니, 불편하지 않아 좋다. 돌이나 시멘트 포장 역시 편리함에서는 맨흙보다 낫다.

그런데도 우리 옛날 집 마당은 그저 맨흙인 경우가 많았다. 돌이

나 잔디를 까는 게 그리 어려운 일도 아니었을 텐데, 굳이 흙바닥을 고집한 이유는 무엇일까?

우선 비교적 널리 알려진 사연은, 풀을 까는 일은 묘지에나 하는 짓으로 생각했다는 것이다. 즉, 풀로 덮는 것에는 죽음의 의미가 깃들어 있어서 꺼렸다는 이야기인데, 수긍할 만한 대목이다. 그럼, 잔디는 그렇다 치고, 돌이나 다른 걸로도 덧대지 않고 맨흙을 놔 둔 것은 왜였을까?

정여창 고택의 마당이 가진 3가지 특징

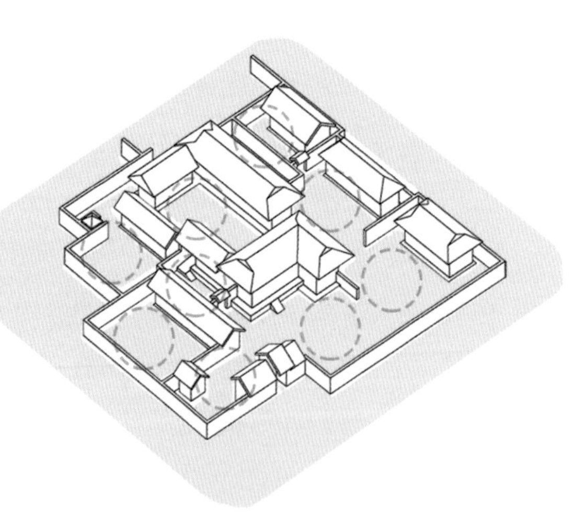

1. 마당이 담으로 크게 둘러쌓여 있으나 담의 안쪽과 바깥쪽 바닥의 상태(흙바닥)가 서로 같다.

2. 여러 개의 마당이 분리됨과 동시에 서로 이어져 있다.

3. 여러 다른 기능을 가진 건물에 둘러쌓여 있는 ㅁ자 마당이 있다.

집 바깥으로 눈을 돌려 보자. 거기에 이야깃거리가 될 만한 한 가지가 있다. 집 바깥으로 나서면 밟게 되는 길, 동네 공터, 모두 바닥이 흙이다. 집 안의 마당과 다르지 않은 바로 그 흙이다. 이것은 곧 마당과 바깥세상이 끊어지지 않고 하나로 이어진다는 이야기다. 우리 옛날 집은 마당으로 구획된 바닥 말고도, 건물을 둘러싼 나머지 바닥 역시 같은 흙으로 되어 있다. 집 전체가, 그 안에 사는 사람이 바깥세상과 연결되어 있는 셈이다.

뭔가 모순되지 않은가? 앞서 이야기한 제법 높게 둘러쳐진 담 말이다. 집과 바깥세상을 단호하게 분리하고 있는 것 아닌가?

담이 돌, 혹은 흙과 돌로 이루어진 점에 주목할 필요가 있다. 흙과 돌, 모두 땅을 이루는 소재다. 담이 곧 땅인 셈이다. 주변에 있는 흙과 돌을 긁어모아 길고 좁게 볼록한 모양을 만드는 상상을 하면 그 뜻에 가까이 갈 수 있다. 이어짐이 유지된다는 이야기이다. 물리적으로는 끊어졌으나 정서만큼은 그러지 않도록 끈은 놓지 않고 있다 할 것이다. 집과 바깥세상이 이렇게 또 묘하게 연결된다.

비어 있는 마당

'마당' 하면 가장 먼저 무엇이 떠오르는가? 많은 사람이 '정원'을 말하지 않을까 싶다. 연못도 있고, 예쁜 조경수가 있고, 여기에 조경석 등이 어우러져, 보는 것만으로도 큰 즐거움이 아닐 수 없는 그런 그림 말이다.

앞서 보았던 도산서당, 추사 고택, 정여창 고택 등을 떠올려 보자. 나무가 놓여 있는 경우도 가끔 있으나 겨우 몇 그루, 그것도 마당의 가장자리로 물러나 있다. 가운데는 아무것도 없이 비어 있는 경우가 대부분이다. 기실 우리 옛날 집 마당의 큰 특징 하나는 휑하니 비어 있다는 것이다.

가까운 중국이나 일본만 해도 사정이 다르다. 정원이 조성되어 있는 경우를 아주 쉽게 찾을 수 있다. 우리 조상들은 이런 즐거움에 관심이 없었던 것일까? 아니면 조상들의 삶이 이런 여유도 가지지 못할 정도로 각박했던 것일까?

지금까지 살펴보았던 우리 옛날 집은 조선 시대 양반들이 거하던 건물들이었다. 조선 시대 사람들이 어떠한 사람들이었는가. 풍류로 어디 이웃 나라 조상들에게 특별히 밀릴 만한 사람들이었던가? 또한, 양반네들 이야기니 경제적으로 여유가 없지도 않았을 테다. 그렇다면 휑하니 빈 마당 형태에는 무언가 의도가 있었다는 얘기일 텐데, 멋도 알고 여유도 있었던 이들이 마당을 그렇게 설계한 이유는 무엇이었을까?

일단, 마당 전체를 정원으로 꾸몄을 경우 크게 바뀌는 것이 있다. 멋지게 정원을 꾸민 마당은 밋밋한 흙이 깔린 집 바깥세상과는 별천지가 되는 것이다. 세상과 마당과 사람의 관계 또한 변한다. 이 마당은 집에 사는 사람만을 위해 만들어진, 그 사람만을 상대하는 공간이 된다. 둘 사이의 친밀도는 급격하게 높아진다. 반면, 상대적으

로 마당은 세상과 멀어진다. 바깥세상과 끊어지는 듯하면서도 이어지면서 묘한 긴장감을 띠는, 우리 옛날 집 마당이 가지는 고유한 맛이 흐려진다.

이 마당에서 옛사람들은 많은 일을 했다. 뒷짐 지고 달을 쳐다보며 한숨짓기도 하고, 제기 차며 놀고, 추수 때 타작을 하고, 집안의 결혼, 환갑 때는 잔치를 벌이기도 하고, 대부분의 실외 활동은 이 마당에서 이루어졌다고 해도 과언이 아니다. 멋들어진 정원을 감상하는 일 말고는 뭐든 할 수 있는 공간이었다.

《논어》에서는 '중화中和'를 이야기하면서, 희노애락이 아직 드러나지 않은 것을 '중中', 드러나서 모든 절도에 맞는 것을 '화和'라고 풀었다. 어떤 상황을 마주하더라도 그 상황과 딱 맞아떨어지게 처신해야 하며, 그러기 위해서는 어느 한 가지에 깊게 매달려 있지 말라는 뜻이기도 하다면, 어떤 프로그램도 언제든 무리 없이 담아낼 수 있었던, 비어 있는 마당의 상태에 딱 어울리는 말이 아닌가.

간섭과 긴장을 품은 마당의 잠재력

1960~80년대를 배경으로 하는 드라마나 영화를 보면 흔히 접할 수 있는 씬이 바로 마당을 무대 삼아 벌어지는 이야기다. 마당을 중심으로 ㄴ자 혹은 ㄷ자로 방 혹은 채 나눔이 되어 몇 식구가 모여 산다는 설정과 함께, 술이 덜 깬 아들이 마당에

놓인 수도꼭지 앞에서 세수를 하고 있는데 부엌에서 나오던 어머니와 마주치고, 심한 핀잔이 퍼부어지는 와중에 약수 받아 마당으로 들어오던 아버지가 끼어들어 부부 간의 다른 다툼으로 이야기는 번지고, 건넌방에 세 들어 사는 젊은 총각까지 엮여 제3의 사건이 생겨나는 등 여러 상황과 사건이 중첩되면서 이야기가 줄줄이 이어지고는 한다.

마당을 중심으로 방 혹은 채가 놓이고, 방마다 다른 조건의 인물이 살고 있으며, 각 방은 마당을 향해 개구부가 설치되어 있는 구조는 다양한 이야기가 나오기 딱 좋은 형태다. 서로 간섭이 벌어질 수밖에 없고, 이 간섭에 의해 또 다른 상황과 사건이 일어날 수 있기 때문이다.

경남 함양의 정여창 고택은 이러한 공간의 성격을 아주 잘 보여주는 곳이다. 조선 성리학의 대가로 꼽히는 정여창 선생이 살았던 15세기부터, 중건되는 18세기를 거쳐 지금까지 오랜 풍상과 변화를 겪어 오면서도 원래 틀이 크게 변함없이 지켜진 집이다. 특히 안채와 별채, 사랑채, 그리고 그 가운데 놓인 마당으로 이루어진 공간은 위에서 언급한 무대, 세트라 해도 무방해 보인다.

꼭 정여창 고택이 아니더라도, 우리 옛날 양반 집에서 한 건물이 마당 하나를 점유하는 경우는 많지 않다. 마당을 중심으로 두 채 혹은 그 이상의 건물이 놓인다. 심지어 마당을 건물로 뺑 두르는 경우도 있다. 이들 건물 안에 있는 모든 방에는 마당 쪽으로 창이나 문이나 있다. 이렇게 방과 그 안의 사람과 마당의 접촉면이 넓고 많기 때

마당을 중심으로 방 혹은 채가 놓이고,
방마다 다른 조건의 인물이 살고 있으며,
각 방은 마당을 향해 개구부가 설치되어 있는 구조는
다양한 이야기가 나오기 딱 좋은 형태다.

정여창 고택

문에, 위에서 예로 든 영화나 드라마처럼 어떠한 상황이나 사건이 벌어지기 쉬울 수밖에 없다.

설혹 어떠한 활동이 일어나지 않는다고 해서, 특별한 쓰임이 보이지 않는다고 해서, 이 마당을 죽은 공간이라고 할 수는 없다. 이는 보이지 않는 마당의 잠재력을 간과한 반쪽자리 평가다. 마당은 정원의 화려함이나 눈에 보이는 실질적인 쓰임만이 아니라, 보이지는 않아도 풍성한 이야기를 품고 있는 공간이기 때문이다. 언제든 무언가 일어날 수 있는 긴장감 가득한 무대가 바로 마당인 것이다. 마당은 '정서적' 공간이라고도 표현할 수 있겠다. 집 안의 사람들이 스치고, 엇갈리고, 부딪치고, 다투고, 얼싸안고, 이야기를 나누고, 다독이거나 윽박지르고, 까르르 웃거나 울기도 하고, 혹은 멀리서 바라보면서 기쁨과 슬픔과, 즐거움과 화남과, 연민과 그리움과, 힘듦과 활기참 등 다양한 감정을 쌓아 가고 풀어내는 곳이다. 그러한 공간이 늘 사람들 곁에 열려 있다. 거의 매순간 우리 삶 전반을 같이하는 자리가 바로 마당이다.

가정은 구성원 각각의 역할, 각각에게 필요한 기능, 즉 먹고, 쉬고, 필요한 돈을 벌고, 공급 받는 일 등으로 한 축이 구성되는 동시에, 각 구성원의 감정이 쌓이고 풀리고 서로 얽히는 일들로 또 다른 한 축이 구성된다. 그렇기에 구성원 중 누군가를 돈 벌어 오는 기계, 밥하는 기계 같은 도구로만 대했을 때 억울하고 서운한 것이다.

마찬가지로 집에서 마당을 볼 때도, 기능적인 부분뿐만 아니라 정서적인 부분까지 함께 조명되어야 할 것이다. 이런 시각을 가지게 되면, 우리 옛날 집 마당에 담긴 '빈 공간'의 진가가 더욱 또렷하게 나타날 것이다.

다양한 색깔의 마당을 한 집에

우리 옛날 양반 집에는 보통 안채, 사랑채, 행랑채 등 여러 건물이 들어서 있고, 가부장, 안주인, 자녀, 하인이 각자 별도의 건물에서 거주했다. 뿐만 아니라, 각 건물마다 주변에 하나 이상의 마당을 가졌다. 마당 하나 가지는 것조차도 쉽지 않은 요즘 상황을 생각해 보면, 참으로 부러운 일이 아닐 수 없다.

정여창 고택을 보면, 마당 주변에는 건물 혹은 담이 놓이는데 이들이 마당과 마당 사이의 경계 역할을 해 서로 구분된다. 그러나 각 마당이 완벽하게 분리되지는 않는다. 거의 반드시 주변의 다른 마당과 연결된다. 마당과 마당 역시 끊어진 듯 이어지는 우리 옛날 집 고유의 특성을 잇고 있다.

사실 한 집 안에 여러 개의 분리된 마당을 만들고 싶을 때 가장 쉬운 방법은 담으로 둘러싸는 것이고, 각 마당을 잇고 싶으면 문을 내면 된다. 정여창 고택의 사당처럼 말이다. 하지만 대부분은 그렇게 딱 떨어지게 마당을 구획하지 않았다. 이런 쉬운 방법을 놔두고 우리 조상들은 왜 그리 복잡하고 애매하게 마당을 구획했을까?

흔히들 우리 조상의 기질을 폄훼하면서, 똑 떨어지지 않고 물에

술 탄 듯 술에 물 탄 듯 분명하지 못하다고 이야기한다. 바로 이런 기질이 낳은 결과라고도 할 것이다. 그러나 묻고 싶다. 솔직히 사람 마음이, 혹은 사람이 하는 일이 어디 늘 그렇게 딱딱 떨어질 수 있는가? 매사에 너는 너고 나는 나일 수 있는가? 잊어야지 하면 바로 잊히는가? 이것은 좋은 일이고 저것은 나쁜 일이라고 딱 잘라 말할 수 있는 경우가 얼마나 되는가? 이런 거부하기 힘든 '애매함' '섞임'이 우리 사람의 본성에 더 가깝지 않은가. 오히려 이 본성에 따른 것이라고 함이 더 맞지 않겠는가.

아이 키울 때를 한번 생각해 보자. 시간이 지나며 아이가 커 갈수록, 아이는 자꾸 벗어나려 하고 부모는 잡으려고만 한다. 머릿속으로는 늘 자식을 자유롭게 해 주고 싶은데, 동시에 걱정하는 마음 역시 어쩔 수 없다. 사람과 사람 사이에서 마음이란 늘 이렇다. 체면을 유지하고픈 마음과 따져 묻고 싶은 마음, 간섭받고 싶지 않은 마음과 관심받고 싶은 마음, 늘 다른 마음이 동시에 생기는 것이다. 이렇게 또 사람은 다분히 이중적이다. 이 본성이 또한 발현되었다고 함이 더 맞지 않겠는가.

끊어지면서 동시에 이어지도록 마당을 구획하는 수법 역시 우리의 복잡다단한 마음처럼 하나로 통일된 것이 아니라 다양하고, 그 결과도 제각각이다.

정여창 고택 대문 주변의 담을 보자(174쪽 참조). 모양이 특이하다. 대문 바로 옆 왼쪽 담이 안으로 조금 들어가 있다. 그 결과, 사랑채 앞마당과 아래쪽 변소 앞마당이 나누어지는 독특한 일이 생겨났다.

완전하지는 않아도 사랑채가 자신만의 마당을 가지게 된 것이다. 만약 마당을 싸고 있는 담들 중 대문 옆에 있는 담을 반듯하게 고쳐 보면 어떤가? 사랑채 앞마당과 아래쪽 변소 앞마당과의 구분이 모호해지고 그저 널찍하고 좀 밋밋한 마당이 되고 만다.

대문을 안채 쪽으로 통하는 중문과 일직선상에 놓은 것도 사랑채 마당을 위한 배려로 보인다. 안채로 가는 사람들이 경유하는 동선, 사랑채 아래에 있는 광채와 통하는 동선이 자연스럽게 사랑채 마당으로부터 어느 정도 분리된다. 대문의 위치를 오른쪽 앞으로 당겨 보면 좀 더 확실하게 알 수 있다. 이러면 대문과 사랑채가 바로 마주해서 안채로 가는 사람들, 광채로 가는 사람들이 사랑채 마당을 꼭 지나갈 수밖에 없다. 사랑채와 관련 없는 일과 통행이 쓸데없이 사랑채 앞마당에서 벌어지는 셈이다. 이러면서 사랑채 앞마당의 독립성은 훼손되는 것이다. 이렇듯 대문을 중심으로 '끊어짐과 이어짐'이 이루어지면서 마당에 특별한 이야기가 입혀지고 있다.

안채로 이동해 보면, 앞서 보았듯이 ㅁ자 모양의 마당이 있다. 안채, 사랑채, 그리고 며느리나 별당 아씨가 기거했을 법한 별채가 둘러싸면서 마당을 ㅁ자 모양으로 구획하고 있는 식이다. 건물들이 소위 끊는 일을 하고 있다. 하지만 이 마당 역시 주변 마당과 완전하게 끊어지지 않고 서로 이어진다. 건물과 건물 사이의 틈을 통해 이어져 있다. 그것도 한 방향이 아니고 여러 방향으로 이어져 있다. 이런 구조 덕에 ㅁ자 마당은 가족 모두가 바라볼 수 있고 접근할 수 있어 공유가 가능한 공간이 된다. 한편, 건물들이 ㅁ자 마당을 제법 단단히 가로막고 있어 타인이 바라보고 접근하기가 쉽지 않게 된다. 이렇듯, 또 다른 식의 '끊어짐과 이어짐'이 이루어지고, 그것이 또 이렇게 다른 이야기를 만들어 내고 있다.

그렇다면 ㅁ자 마당은 딱히 주인이 없나? ㅁ자 마당이 아무리 공유의 공간이라고 해도 주인이 아예 없다고는 할 수 없다. 어렴풋하지만 엄연히 주와 부가 있다. 마당을 둘러싸고 있는 건물들의 꼴을 보면 알 수 있다. 건물의 앞이 마당을 대하고 있는 건물, 그중에서도 중앙으로 마당을 넓게 대하고 있는 건물이 주라고 할 수 있다. 안채가 바로 이런 조건을 갖추고 있다. 이렇게 보면, '안채에 딸려 있으면서 공유하는 마당'이 더 정확한 표현이 된다.

안채에는 집안의 살림살이를 맡아 꾸려 가는 안주인이 기거한다. 안주인을 두고 '집안의 중심'이라고도 한다. ㅁ자 마당이 마치 안주인 아바타처럼 굴고 있다. 주변에 있는 거의 모든 마당, 즉 앞에 있는 광채의 앞마당, 또 그 옆에 있는 조그만 마당, 뒤쪽에 있는 마당, 중문 밖에 있는 길쭉한 마당과 관계하고 있다. 마당뿐 아니라 사랑채를 비롯해 주요 건물들과도 관계하고 있다. 집안의 중심으로, 집안의 모든 사람, 모든 일을 세세히 관장하듯이 말이다. 이래서 주와 부가 조금 더 갈린다.

안채 옆에 있는 별채 쪽을 보자. 여기에도 독특한 방식의 '끊어짐과 이어짐'이 있다. 별채는 건물 앞쪽에 커다란 마당, 옆쪽에 있는 조그만 마당, 이렇게 두 개의 마당과 면해 있다.

이 두 마당 간 연결이 아주 특이하다. 마당이 이어지는 부분의 건

바꿔 보기 :
대문과 담의 위치를
앞으로 당기는 경우

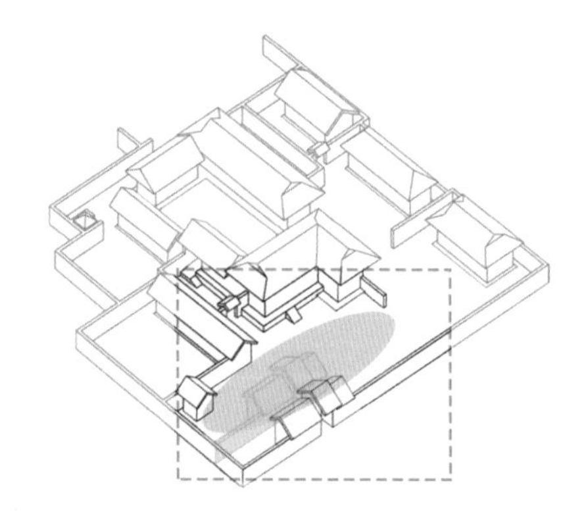

원래 상태

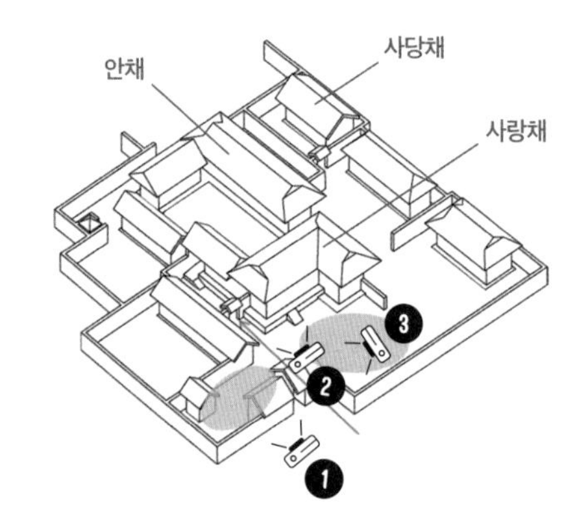

바꿔 보기 :
대문의 위치를
오른쪽 앞으로 당기는 경우

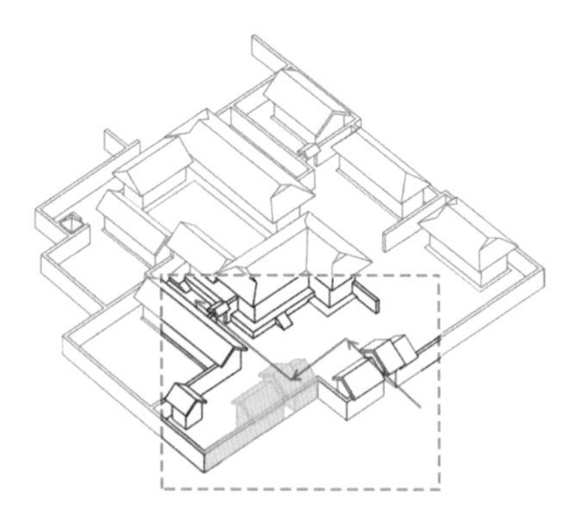

1 대문

2 안채로 가는 문

3 사랑채 앞마당

물 모퉁이를 보자. 이곳이 방이 아니라 마루다. 막혀 있지 않고 열려 있는 구조다. 이런 구조가 두 마당의 관계에 영향을 주고 있다. 마치 방파제의 한 귀퉁이가 무너진 모양이랄까. 이 부분 때문에 중심 마당의 장악력은 약해지고, 두 마당을 이어 주는 힘은 다소 강해진다. 끊어지는 것을 거부하지는 않지만, 못내 아쉬운 듯 그 힘을 슬쩍 덜어 내는 격이라 할 것이다. 만약 이곳이 보통 방처럼 막혀 있다면, 이런 미묘한 관계는 이루어지지 않았을 테다.

작은 마당에 면한 별채의 벽면을 보자. 문이 나 있다. 문이 여러 개로 거의 벽 전체를 채우고 있다. 이 문을 모두 열면 작은 마당을 시원하게 바라볼 수 있다. 이런 식의 문이 있어서, 이 작은 마당과 별채의 친밀도는 높아진다. 만약 벽이 막혀 있다면, 마당은 그냥 집

작은 마당에 면한 별채의 벽면을 보자. 문이 나 있다.
문이 여러 개로 거의 벽 전체를 채우고 있다.
이 문을 모두 열면 작은 마당을 시원하게 바라볼 수 있다.
이런 식의 문이 있어서, 이 작은 마당과 별채의 친밀도는 높아진다.

한쪽 구석에 남겨진 별뜻 없는 공간이 되었을지도 모른다.

또한, 이런 구조는 별채의 운신 폭을 넓게 만들기도 한다. ㅁ자의 커다란 마당과 관계 맺는 데 머물지 않고 작은 마당과도 또 다른 관계를 가지게 된다. 이것으로 끝나지 않는다. 열린 방(마루) 바로 옆에는 담이 서 있다. 이 담을 넘으면 바로 집 바깥이다. 마루에 서면 집 바깥을 볼 수 있다. 물론 집 바깥을 시원하게 내다볼 수 있을 정도는 아니지만, 당시의 풍습 때문에 여인들이 받아야 하는 답답증을 어느 정도 보듬을 수는 있음직하다.

세상의 중심이 되는 마당

중심. 쉽게 아무 데나 가져다 붙일 말은 아니다. 관계의 복판에서, 동시에 여럿과 관계를 주고받을 정도는 되어야 한다. 전라남도 장성의 필암서원, 그 가운데 있는 큰 마당은 이런 중심의 자격을 충분히 갖추고 있다. 위치부터 보자. 마당이 서원 전체의 한가운데 놓였다. 이러한 위치 하나만으로도, 마당은 서원 안의 거의 모든 기능과 통할 수밖에 없다.

중심이라고 다 같지 않다. 필암서원은 어중이들 사이에서의 중심이 아니라, 만만치 않은 놈들 사이에서도 중심인 경우라 할 만하다. 그야말로 힘 있는 것들과의 관계를 주도할 만큼 우뚝 선 중심이라는 뜻이다.

필암서원 중앙 마당이 관계를 맺고 있는 건물들은 동재, 서재, 강당, 사당이다. 이 건물들은 마당의 각 변을 하나씩 차지하고, 각 건물의 주요 입구가 모두 마당을 향해 나 있다. 흡사 입을 벌리고 으르렁거리고 있는 꼴이다. 이 건물들은 서원의 주요 기능을 담당하는 곳이니, 그 무게가 만만치 않다 하겠다. 이렇듯 마당은 짱짱한 놈들 모두를 상대하며 적극적이고 직접적인 관계 맺기를 하고 있다.

한편, 이런 의문도 든다. 혹 이러한 마당의 관계 맺기, 영향력이 너무 폐쇄적인 것은 아닌가? 마당 둘레에 놓인 담들 때문이다. 건물과 건물 사이에 담이 놓이면서 마당을 둘러치고 있다. 바깥세상과는 격리된 마당이 되게 했다. 담은 마당의 둘레에만 놓인 것이 아니다. 그 바깥쪽에도 서원 전체를 경계 짓는 담이 또 한 번 둘러쳐 있다. 그래서 바깥세상과 더욱 격리된다. 이렇듯 중심으로서의 영향력이 울타리 안에서만 강하고 제한적이라면, 즉 관계가 널리 펼쳐지지 않는다면 어떻겠는가? 가까운 몇 명하고만 놀고, 심지어 나머지를 배척하면서 그 안에서 왕 노릇 하는 경우 말이다. 꼴이 옹졸해지고 말 것이다.

서원에 진입하는 방식도 그렇다. 서원에는 보통 대문에서부터 강당을 지나 사당까지 반듯한 축선이 존재한다. 이 축선을 따라 주요 건물이 놓이고, 이 축선의 일부가 통로가 되기도 한다. 그런데 필암서원은 이런 방식을 정확히 따르지 않고 있다. 얼추 대문, 강당, 사당의 중심을 가로지르는 축선이 있고 이 선을 따라 주요 건물이 놓였는데, 문제는 통로다. 이 축선이 통로가 되지 않는다. 강당 옆에

4방, 8방, 16방으로 관계를 넓혀 가는 식의 다이어그램으로, 중심을 기점으로 동심원을 그리며 관계를 확장해 나가는 패턴이다.

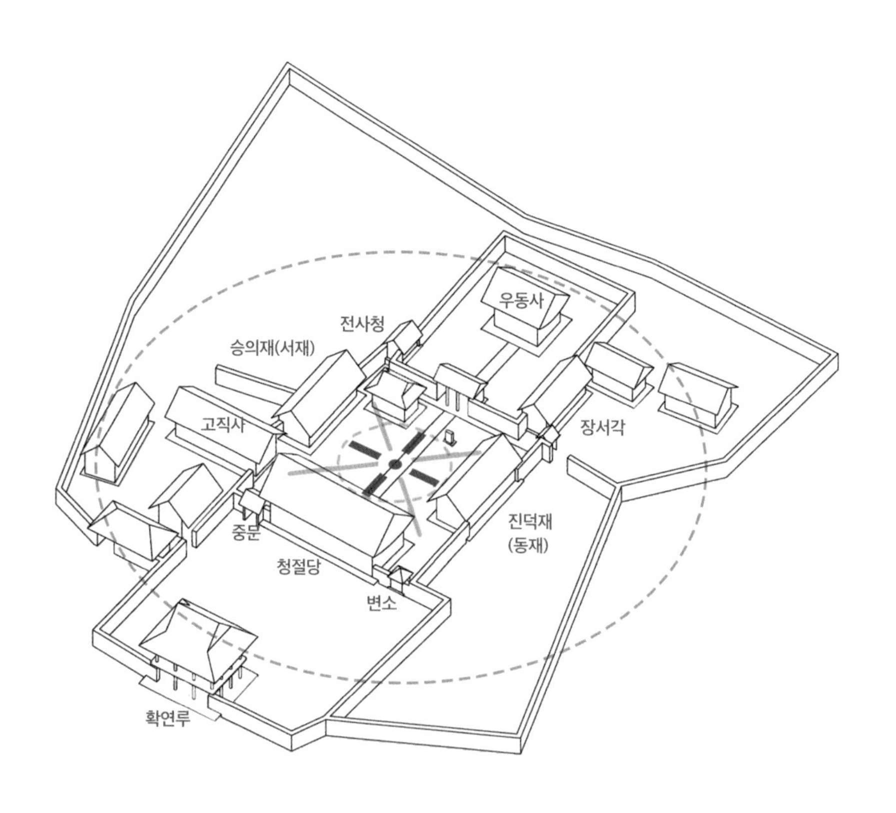

필암서원(한국, 전라남도, 장성)

있는 중문을 보자. 바깥에서 가운데 마당으로 들어오려면 이 문을 이용해야 하는데, 바로 이 문이 가운데 축선을 벗어나 있다. 다르게 말하면 통로가 축선에서 벗어나 있는 것이다. 이러니 대문을 지나 마당까지 똑바로 들어올 수 없다. 한 번 꺾이고, 거기다가 한쪽 구석에 나 있는 작은 문을 거쳐야 한다. 버젓하게 들어가고 나갈 수 없다. 마치 출입하는 사람을 거부하는 몸짓 같기도 하다. 마당과 바깥세상의 연결이 탐탁하지 않다는 듯 말이다.

이런 점들만 보면 필암서원의 마당은 '방 안 퉁수'라는 오명을 씻기 어려울 듯하다. 과연 그럴까? 시야를 조금만 넓혀 보자. 필암서원 전체를 멀리서 보면, 아주 특이한 구조를 발견할 수 있다. 주요 4방위에 동재, 서재, 강당인 청절당, 사당인 우동사가, 그 사이사이 나머지 4방위(합쳐서 8방위)에는 앞서 논했던 문제의 그 중문, 변소, 서재인 장서각, 서원의 부속 창고 격인 전사청이 놓여 있다.

두 그룹 간에 무게의 차이가 있다. 당연히 주요 4방위가 더 무겁다. 그렇지 않은 나머지 4방위에 있는 건물들은 마당과 바로 면해 있지 않고 뒤쪽으로 살짝 빠져나가 있어, 마치 방위의 등급과 건물의 비중이 서로 맞추어진 것처럼 되어 있다. 이 건물들 바깥쪽으로 나가면 다른 부속 건물들과 여러 개의 마당이 놓여 있는다. 이들의 위치가 얼추 16방위에서 8방을 제외한 나머지 방위쯤에 해당한다. 이들의 비중이 그 방위의 등급에 또한 걸맞다. 전체적으로 위계가 존재하는 것이다.

이 모두를 모아 보면, 하나의 재미난 다이어그램이 나온다. 4방,

8방, 16방으로 관계를 넓혀 가는 식의 다이어그램으로, 중심을 기점으로 동심원을 그리며 관계를 확장해 나가는 패턴이다. 청절당에서 바라본 모습은 이러한 형국을 잘 보여 준다.

야외로 나들이 나갔을 때 가장 먼저 하는 일 중 하나는 아마 돗자리 까는 일일 테다. 그 위에 짐을 내려놓고 엉덩이를 한번 붙여야 마음이 편해지기 때문이다. 달리 얘기하면, 이후 나들이 활동의 중심점, 낯선 곳과 처음 관계를 맺고 확장해 나갈 때 필요한, 소위 거점을 마련하는 것이다. 만약 이러한 거점이 없다면 나들이 장소가 계속 낯설게 느껴질 테고 거기서 하는 활동이 무척이나 불안할 것이다.

자, 다이어그램의 '중심점' 그리고 '거점'을 필암서원의 중앙 마당에 겹쳐 보자. "어떠한 방향 설정도 이루어지지 않은, 따라서 어떤 구조도 만들어지지 않은 무정형의 공간에 고정점을 만들고 그것을 중심으로 하여 방향을 설정하여 지평을 펼쳐 나아가는…" 종교학자 미르치아 엘리아데가 말하는 '코스모스'의 출현 모델이다. 이 이미지까지 마당에 겹쳐 보자. 그러고 나서 마당 한가운데 점을 하나 찍고, 그 위에 서 보자. 어떤가? 자신을 중심으로 동네를 넘어 저 우주까지 확장이 이루어지는, 자신이 이런 운동의 중심에, 우주의 중심에 서 있는 이런 기분이 드나?

조금이라도 그 기분이 든다면, 필암서원의 마당을 잠시라도 오해하게 만들었던 '축을 버린 진입 방식', '겹겹이 둘러싼 담'의 실상도 어느 정도 파악될 것이다. '안에서 밖으로'의 방향에 방해가 되지 않도록, 중심의 힘이 흐트러지지 않도록 하는 일과 관련이 있음을 말

마당과 마당의 관계

중문

변소

장서각이 있던 자리

전사청

마당. 있기만 해도 좋다.
그런데 이 마당이 우리를 '세상의 중심'
넓게는 '우주 전체의 중심'이라는 상상으로 이끌어 준다.

강당인 청절당 안에서 본 동재, 서재, 사당 및 입구

이다. 겹겹이 둘러싸고 있는, 담이 바깥쪽으로 갈수록 넓게 퍼지는 모양을 두고 확장 시 발생하는 파동을 떠올린다면? 조금 많이 나간 것인가?

마당. 있기만 해도 좋다. 그런데 이 마당이 우리를 '세상의 중심' 넓게는 '우주 전체의 중심'이라는 상상으로 이끌어 준다면, 마침 꽤 구체적인 느낌을 가지게 된다면, 이것 참 대단한 일 아닌가? '세계와 관계 맺도록 해주는 것'을 넘어 '자신을 중심에 놓고 세계와 널리 관계 맺도록 해주는 것'이란 생각까지 하게 된다면 마당이 더욱 달리 보일 테다.

필암서원 마당을 보면서 아쉬운 점 한 가지. 최근 개보수가 이루어지면서 8방의 한 축인 장서각이 날아갔다. 단순히 건물 하나가 없어진 것이 아니다. 이 집의 근간이 되는 큰 질서가 깨진 것이다. 잘 조직된 코스모스의 모델 하나가 무너진 것이다. 애석한 일이 아닐 수 없다.

여섯 번째 사연, 담

담은 건물을 짓고 난 다음 맨 나중에 부지 둘레에 세우는, 건물의 부속물로 보통 취급된다. 담을 단순히 지킴이로 간주하고 있어 그러지 않나 싶다. 이런 생각을 조금 바꾸어 보면 어떤가. 담이 건물과 대등하게 역할을 하고, 건물 못지않은 여러 일을 해낼 수 있다고 말이다. 마침 이를 이룬 모범적인 사례가 있다 보니 목소리를 낮출 수가 없다.

담에는 건물이 가지지 못하는 여러 장점이 있다. 건물처럼 구조에 제약을 크게 받지 않기 때문에 비교적 손쉽게 제작할 수 있고 다양하게 변화도 가져갈 수 있다. 여기다가 건물에 비해 비용이 한참 적게 든다. 이런 담이 건물과 같은 활약을 한다면 여러모로 반길 일이 아닐 수 없다. 그래서 담에 대한 희망을 더욱 내려놓지 못한다.

나름 주도적으로 나서서 역량을 한껏 발휘하는 담을 찾아내어,

담이 어떤 잠재력을 가질 수 있는지 차근차근 알아보도록 하자.

담은 왜 거기 서 있는가?

동네에 있는 학교의 담을 보자. 중학교든 고등학교든, 혹은 큰 학교든 작은 학교든, 크기나 모양, 자재 등 내용만 살짝살짝 다를 뿐 그 본질은 같다. 일단 안에서 밖으로 넘지 못하게 하고, 그다음으로는 밖에서 안으로 들어오지 못하게 하는, 즉 제한하는 역할이 우선이다.

담이 있어, 누구나 함부로 학교 안에 들어와 기물을 파손한다든지, 들고 나갈 수 없게 된다. 담은 학교의 재산을 지켜 준다. 수업 말고 외부에 볼일이 있는 사람, 등교 시간을 못 맞춘 사람, 두발이나 복장을 제대로 챙기지 않은 사람 등등이 학교 담을 넘을 테다. 모두 규칙을 어기는 사람들이다. 담은 이런 사람들의 진출입을 막는다. 다르게 표현하면, 담은 학교의 규칙을 지켜 준다. 좀 거창하게 얘기하자면, 담은 시설의 정체성을 지켜 주기도 한다. 평일 낮에 학교가 동네 껄렁한 형들 놀이터가 되지 않도록 담이 막아 준다. 이들 모두 다른 대부분의 건물에서도 마찬가지다.

이 점만으로도 담의 능력은 가히 인정받을 만하다. 훌륭한 수비수로서. 그런데 여기서 그치지 않고 수비도 잘하면서 골 찬스도 만들고, 골까지 넣는 경우라면 어떨까? 흔하지는 않지만, 이런 담이 실제로 존재한다.

열린 집이 될 수 있게 하는 담

지금껏 집을 지켜 준다는 얘기를 했는데, 담이 집을 열리게 한다니 무슨 말인가? 아래 그림을 보면 바로 감이 올 테다.

왼쪽처럼 돌이나 벽돌 등으로 되어 있는 소위 막힌 담이 건물의 둘레를 따라 세워지는 경우와 오른쪽처럼 얕거나 아예 담이 없는 경우, 두 집의 창문을 비교해 보자. 왼쪽의 경우, 담에 의해 바깥의 시선이나 접근을 거의 막을 수 있다. 따라서 오히려 건물 자체에는

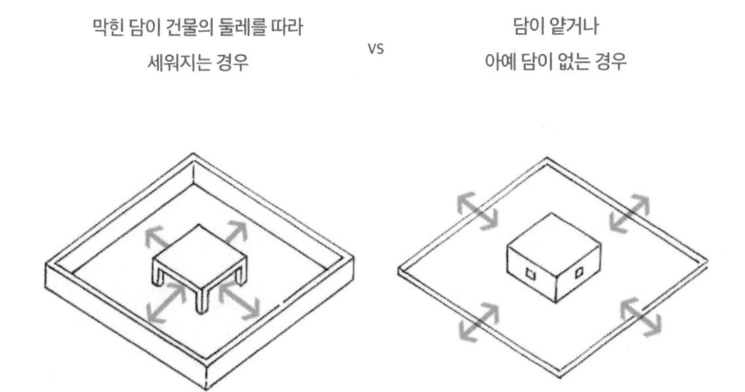

마음껏 창문을 낼 수 있고, 그만큼 집은 열리는 것이다.

전라북도 정읍에 있는 김동수 가옥의 사랑채는, 담이 집을 열어 주는 것을 잘 보여 준다.

사랑채에는 족히 건물 전체의 3분의 2는 될 정도로 대청이 아주 크게 자리 잡고 있다. 대청의 둘레에는 막힌 벽이 거의 없다. 문이 있으나 분합문이어서 이 문을 모두 접어 들어 올리면, 주변이 거의 다 트인다.

대청 바로 옆에는 방이 있다. 대청만큼은 아니지만 문이 많은 편인데, 대청과 접하는 부분에는 특히 커다란 문이 나 있다. 방의 앞뒤로도 문이 있다. 전체적으로 건물 바깥으로 시야가 탁 트인 그런 구조다. 한 줌의 바람이 아쉬운 푹푹 찌는 여름 한낮, 집의 모든 문을 열어 놓고 웃통을 벗은 채 대청에 벌렁 누워 있는 그림을 떠올려 보자. 더위야 해볼 테면 해봐라! 딱 이런 상황이지 않은가. 이런 자세라 해도 크게 거리낄 게 없는, 세상 어디보다 시원하고 편안한 곳이다. 이런 시원함과 편안함을 보장해 주는 것은 바로, 바깥으로부터 집을 단단하게 차단해 주는 담이다.

이뿐만이 아니다. 이렇게 집이 열린 구조인 덕분에 빛, 공기, 바람, 비, 소리, 냄새 등을 마음껏 안으로 받아들일 수 있다. 자연의 요소들이 만들어 내는 환경과 풍경을 있는 그대로 보고 느낄 수 있다. 언제든 자연과 더불어 지낼 수 있는, 흔히 말하는 자연친화적 환경이 되는 것이다.

김동수 가옥(한국, 전라북도, 정읍)의 사랑채

왼쪽에서 본 대청

외부 공간을 안으로 들이는 담

앞서 봤던, 스페인에 있는 카사 가스파르는 꽤 특이한 구조를 가지고 있다. 큰 정사각형을 9개의 공간으로 나눈 평면 구조로 볼 수 있는데, 그 가운데 열에 있는 3개 공간은 내부 공간이고 나머지는 외부 공간(마당)이다. 마치 건물 안에 외부 공간을 들여놓은 꼴이다. 어떤 사연인지 그 내막을 차근차근 들여다보자.

일단, 한가운데 있는 공간, 거기 나 있는 창호를 눈여겨보자. 양쪽 벽면 모두에 제법 큰 창호가 나 있다. 그것도 하나가 아니고 두 개가, 양쪽 벽면 모두에 나 있다. 한 공간에 커다란 창호가 네 개나 있어 그만큼 내부 공간이 열려 있게 된다. 그렇게 양쪽에 면한 마당을 집에 품는 것이다.

마당의 짧은 면을 감싸고 있는 안쪽 담을 자세히 들여다보자. 이 집에는 두 종류의 담이 있는 셈인데, 바깥세상과 건물을 구분해 주는 정사각형의 바깥 담이 하나, 마당(외부 공간)을 가르는 안쪽 담이 또 하나다. 이 담은 내부 공간의 벽면과 이어져 있는데, 그 경계에는 창호가 있으나 창틀이 가로 막고 있지 않아 같은 면으로 읽힌다. 이렇게 내부와 외부는 자연스럽게 이어진다. 그 경계 부분에 햇빛이 들면, 그 빛이 벽을 타고 그대로 내부로 들어간다. 외부 공간과 내부 공간이 물 흐르듯 서로 연장되어 뻗는 형세를 이룬다.

집이, 정확히 말해서는 주거 공간(내부 공간)이 외부와 어떤 관계

큰 정사각형을 9개의 공간으로 나눈 평면 구조

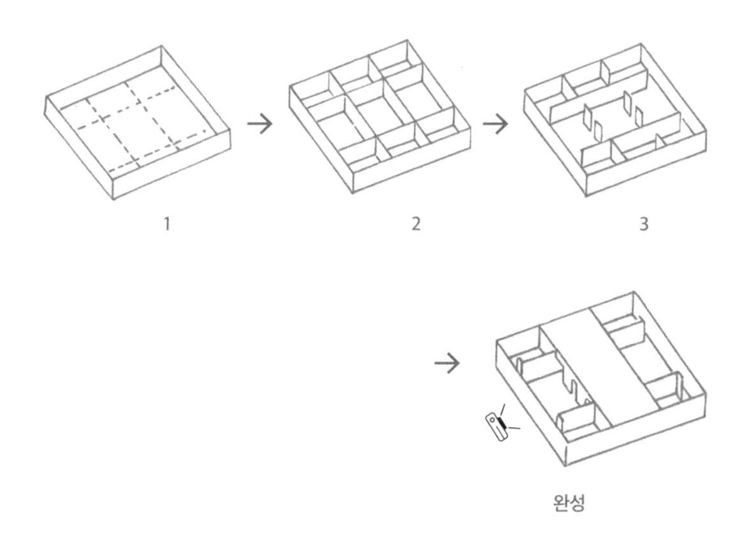

내부 공간의 벽면과
이어져 있는 안쪽 담

를 맺어야 하는지, 이에 관해 카사 가스파르와 김동수 가옥은 비슷한 시선을 지녔다고 할 수 있다.

우리 주변의 건물들을 보면, 방의 대부분은 벽으로 막혀 있고 그 벽의 가운데쯤 간신히 창문이 하나 나 있는 형태가 많다. 이런 걸로 외부와의 교류를 말할 수 있을까? 물론 창문의 크기에 따라 그 정도가 다를 수 있지만, 태생적인 한계를 극복하기는 힘들다. 오히려 구분되었다고 하는 게 더 정확한 표현일 듯하다.

이런 식의 집들을 짓는 밑바탕에는, 외부에 있는 존재들이 자신을 해치는 대상이라는 인식이 깔려 있는 것 아닐까? 그렇다면 빛, 공기, 바람, 비, 소리, 냄새, 동물, 사람 등을 포함한 모든 존재를 일단 벽으로 막아 버리는 것이 당연한 일일 테다. 이 극점에는 사방을 꼭꼭 막은 토굴집이 있다.

카사 가스파르와 김동수 가옥은 그 건너편에 서 있다 할 것이다. 외부에 있는 존재들을 차단해야 할 대상이 아닌 교류의 대상으로 보고 사이의 경계를 없애려는 경우로 말이다.

여기서 한 가지 의문을 가지지 않을 수 없다. 카사 가스파르나 김동수 가옥이 외부와의 교류를 적극적으로 꾀한다면, 왜 바깥에 담을 세웠을까? 그것도 꽤 높고 단단한 담 아닌가? 이런 담이 오히려 외부와의 교류를, 더 크고 넓은 세상과의 만남을 막고 있지 않은가?

'켜Layer' 두기로 볼 수 있다. 광활한 외부와 직접 맞대는 버거움은 피하려는 것일 수 있다. 더불어 외부를 더욱 자기와 가깝게 두려는 셈법일 수 있다. 예를 들자면, 담을 넘어 날아온 나비가 우리 나비가 아니라 내 나비가 되는 식의 효과를 노리는 것이다. 굳이 말을 하나 지어내 붙이면 '자기화'다. 담으로 제법 구분은 했다. 그런데 그 구분의 용도가 '막기'보다는 '거르기'인 셈이다.

담 안에 들인 아늑한 외부 공간

카사 가스파르 안의 외부 공간은 우리가 흔히 보는 외부 공간과 달리 아늑하다. 이런 분위기를 만들어 내는 주역이 바로 담이다. 담의 높이를 보자. 담이 창문 상단 정도까지 오는데, 보통 성인 남자 키보다 한참 높다. 이렇게 담이 높을수록 공간을 싸는 위요圍繞감은 당연히 높아진다. 거의 구멍이 없이 막혀 있는 외부 공간은 지붕만 없을 뿐 거의 방처럼 느껴진다. 외부지만 외부 같지 않고 내부 같은 외부 공간이라 하겠다. 달리 표현하자면, '내부화된 외부 공간'이라고도 할 수 있다.

이 카사 가스파르의 원형이 될 만한 집이 있다. 멕시코의 대표 건축가인 루이스 바라간 Luis Barragán이 설계한 갈베스 Gálvez 하우스다. 이 집의 안쪽 담 역시 내부 공간을 이루는 벽체와 이어져 있다. 이 담들이 건물의 외부 공간을 싸고 있다. 마치 내부 공간을 이루는 벽체가 밖으로 뻗어 나가 외부 공간을 싸고 있는 것만 같다. 이런 구조가, 외부이지만 외부 같지 않은 색다른 느낌의 공간을 또한 만들고 있다. 카사 가스파르와 갈베스 하우스 모두 외부를 잡아 두고 바꾸려 했다. 야생 짐승을 잡아 길들이려 했다고나 할까? 길들이는 정도의 차이만 있을 뿐 비슷하다. 그 차이를 쉽게 풀면 이렇다. 카사 가스파르의 경우, 야생 짐승을 확실하게 가두어 거의 완전한 집짐승으로 만들었다. 정형의 네모 박스 안에 가두고, 더불어 좁고 막힌 우리 안에 가두었다. 그러면서 주인 가까이에 두었다. 갈베스 하우스의 경우, 가두기는 했어도 정도가 느슨하다. 외부 공간이 넓으며, 네모로 정형화돼 있지 않고 건물 둘레 여러 곳에 흩어져 있어 그리 보인다. 그래서 카사 가스파르에 비해 조금 덜 길들여진 것이라 할 것이다. 카사 가스파르의 외부 공간이 방안에서 키우는 치와와라면, 갈베스 하우스의 외부 공간은 마당에서 키우는 셰퍼드 같다고 할 만하다.

이왕 이야기가 나왔으니, 우리 옛날 양반 집에서의 소위 '야생 길들이기'도 잠깐 들러 보고 가자. 우리 옛날 양반 집에서도 거의 예외 없이 담을 둘러치면서 건물 주변에 외부 공간, 즉 마당이 만들어진다. 그런데 이 외부 공간은 카사 가스파르나 갈베스 하우스와는 또 다른 차이를 보인다. 외부에 더욱 가깝고, 상대적으로 야생성이 강하다.

그 요인을 꼽자면, 우선 이 외부 공간의 넓이를 들 수 있겠다. 우리 옛날 집의 담은 보통 건물에 바짝 붙어 있지 않은 채 널찍하게 건물을 둘러치고 있다. 그러다 보니, 상대적으로 외부 공간이 널찍하다. 담의 소재와 높이의 영향 또한 무시할 수 없다. 담이 자연 소재인 흙과 돌로 이루어지고, 그 높이가 성인의 키보다 한 뼘 혹은 두

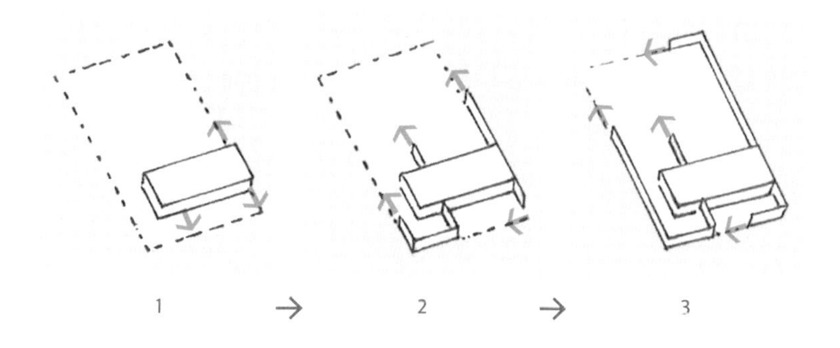

갈베스 하우스의 경우,
가두기는 했어도 느슨하다.
갈베스 하우스 안의
외부 공간이 넓으며,
네모로 정형화돼 있지 않고
건물 둘레 여러 곳에 흩어져 있다

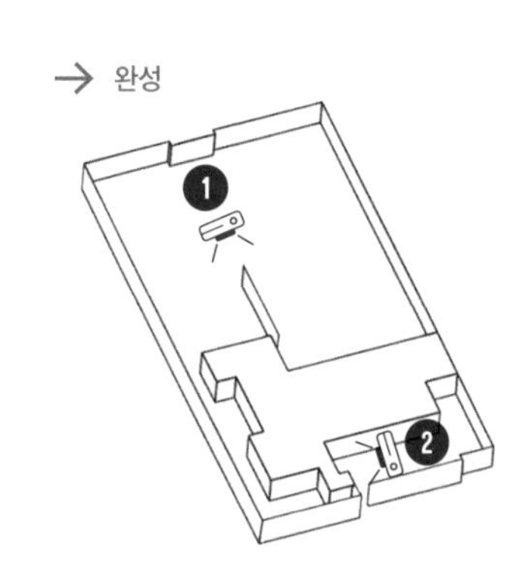

갈베스 하우스(멕시코, 멕시코시티)

뼘 높은 정도로 앞의 두 집에 비해 낮다. 이런 점들이 외부 공간의 넓이에 더해져 담 바깥의 외부 세계와 덜 단절되게 느껴진다.

담이 만들어 내는 외부 세계와의 연결

잘 알려진 '아기 돼지 삼형제' 이야기를 비튼《아기 늑대 세 마리와 못된 돼지》라는 그림책이 있다. 세상에 나갈 시간이 된 순박한 늑대 세 마리는 나가서 살 집을 짓는데, 크고 못된 돼지가 착한 늑대의 집을 번번이 부수며 삼형제를 괴롭힌다. 돼지는 입김, 쇠망치, 드릴, 심지어 다이너마이트까지 동원한다. 마지막으로 늑대들은 꽃으로 집을 짓는다. 돼지는 집을 날려 버리려 숨을 들이쉬다가 꽃향기를 잔뜩 맡고는 자신의 과오를 반성하고 늑대와 친구가 된다는 줄거리다. 무엇보다 일종의 접점이 되었던 꽃집에, 그것을 찾아내는 늑대의 재주에 마음이 간다.

집 전체를 둘러치고 있는 우리 옛날 양반 집의 담을 보면, 위의 이야기와 자연스레 연결된다. 담에 묻자. 집 바깥에 있는 외부 세계가 싫은가? 이에 대한 답은 담의 높이가 해 줄 수 있을 듯하다. 외부 세계가 싫다면 저렇게 높이가 어중간하지는 않았을 테다.

〈마당〉 장에서, 집 안 외부 공간의 바닥이 집 밖과 같은 흙이라는 점을 이야기한 바 있다. 담이 흙이나 돌로 되어 있어, 담을 땅의 연장으로, 땅의 일부가 좁고 길게 불쑥 오른 것이라고 상상해 본 바 있담에 묻자. 집 바깥에 있는 외부 세계가 싫은가?
이에 대한 답은 담의 높이가 해 줄 수 있을 듯하다.
외부 세계가 싫다면 저렇게 높이가 어중간하지는
않았을 테다. 이 애매한 높이에는 막기는 하되
지나친 것을 경계하는 마음이 들어 있는 것이다.

다. 담의 이런 상황이 또 하나의 답이 되어 주는 듯하다. 외부 세계가 싫었다면 확실히 막지 이렇게 두루뭉술하지는 않았을 테다. 이렇게 담 바깥의 외부 세계와 담 안의 외부 공간이 연결되어 있을 때, 담 안쪽 외부 공간의 성격은 어떻게 규정될 수 있을까? 그렇다면, 이들 담은 본시 무엇 때문에 이런 짓을 하고 있는가? 차단과 연결, 그 어느 하나 포기할 만한 것이 없다. 각자를 통해 얻고자 하는 것이 명확하지 않던가. 그런데 불행히도 이 둘은 서로 충돌한다. 예를 들어, 담이 한참 낮아지면 그 안에 있는 집에 창문을 크게 낼 수 없게 된다. 담 바깥 세계와의 연결은 양호해지나 반면에 차단은 불량해진다. 대청에 웃통 벗고 앉아 이러고 저러고 할 수도 없게 된다. 어느 하나를 양보할 수 없다면, 둘 다 만족할 수 있는 접점을 찾아야 한다. 혹, 담이 이 문제에 끼어든 것은 아닌가? 차단과 연결 간에 교묘히 균형을 유지하는 일 말이다. 땅과 분리될 수 없는 흙과 돌로 이루어진 애매한 높이의 담이 하는 짓이 결국 '막기는 하나 지나친 것을 경계하고, 가급적 연결의 끈이 끊어지지는 않도록 하는 것'이니 정확히 그 일 아닌가.

차단과 연결 간의 균형을 이루어 가는 담의 역량을 보여 주는 또 하나의 사례가 있다. 갈베스 하우스를 설계한 바라간의 또 다른 작품인 산크리스토발San Cristobal 마구간 전면에 서 있는 담이 그 주인공이다. 담이 무척 높고 무척 길다. 이런 거대한 담이 집 앞을 가로막고 있다. 이 담에 커다란 구멍이 두 개가 뚫려 있는데, 집으로 들어오는 입구이자 나가는 출구다. 담이 차단하면서 동시에 연결하는 일을 하고 있다고 할 수 있다.

차단은 그렇다 치고 담이 연결하는 일을 한다? 이 말이 얼른 와 닿지 않는다면, 이런 간단한 실험을 해 보자(203쪽 그림). 전체 담 중에 구멍 있는 부분을 모두 제거해 보는 것이다. 이렇게 되면 담에 포함된 입구로 보기 힘들어진다. 따라서 담이 연결하는 일을 한다고 할 수 없게 된다. 원래 대로 돌아가 입구가 담에 포함되면 상황이 거꾸로 역전된다.

차단과 연결, 그 강도를 보자. 담의 규모가 범상치 않다. 그만큼 차단하는 힘이 클 수밖에 없다. 구멍의 크기도 마찬가지 예사롭지

산크리스토발 마구간(멕시코, 멕시코주) 전면에 서 있는 담

않아, 결코 차단하는 힘에 눌리지 않는다. 제대로 힘이 들어가 있는 벽에 나름 큰 구멍이 뚫려 있는 형국이다. 차단과 연결 모두 짱짱하다 할 것이다.

만약 구멍이 아주 작다면 어땠을까? 구멍은 있으나 마나 하고, 오로지 담의 차단하는 힘이 지배적이게 된다. 반대로 아예 커다란 구멍을 여러 개 뚫으면, 당연히 역전이 된다. 연결의 힘은 커진다. 그러나 차단의 힘이 미약해져 결과적으로 연결의 힘도 동반하여 맥이 빠져 버린다. 차단도 연결도 모두 밍밍해져 버린다. 담 안에 차단, 연결 모두가 살 수 있는 나름의 접점, 말인즉 황금비가 존재한

원래 상태

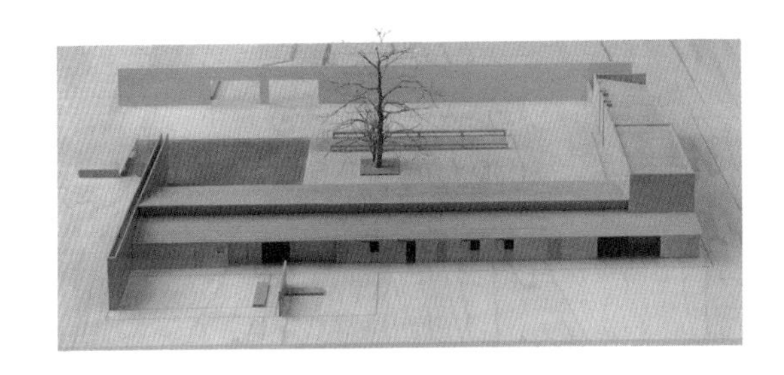

바꿔 보기1 :
모두 뚫기

바꿔 보기2 :
작게 뚫기

바꿔 보기3 :
여러 개 뚫기

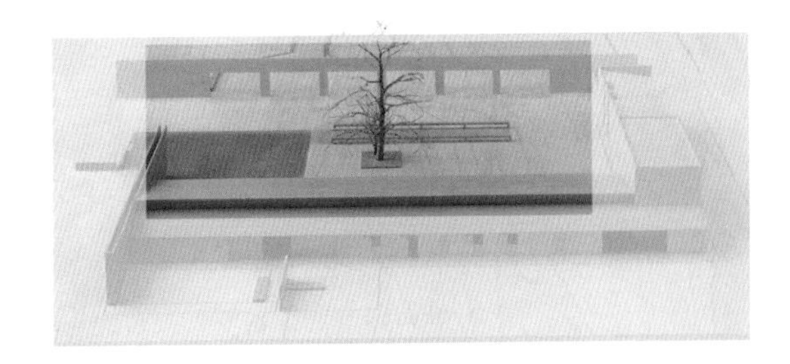

다. 길고 커다란 담에 구멍 두 개 뚫린 그저 그런 담이 아닌 것이다.

담이 만약 건물과 맞먹는다면 어떻겠는가? 이 집의 담을 두고 하는 이야기다. 담이 건물에 엉겨 붙어 있는 것이 아니라, 독립되어 있다. 큰 덩치로 집 한편을 크게 차지하는 것도 모자라 건물과 함께 집의 전체 꼴을 만든다. 이뿐 아니라, 집 전면에 나서 그 집의 얼굴로 자리 잡고 있는 점은 압권이 아닐 수 없다. 그 모습이나 그 역할이 모두 만만하지 않다. 가히 건물에 밀리지 않는다. 이런 담을 보면서 '담의 지위' 에 대해, 동시에 담이 가지는 잠재력에 대해 곰곰이 생각하게 된다. 이 담의 직각 방향으로도 요주의 담이 있다(202쪽 사진). 건물보다 큰 키로 길게 뻗어 있는 모습부터가 예사롭지 않은, 하는 일은 더욱 그런 담이다. 담이 물을 쏟아 낸다. 혹독히 덥고 건조한 지역에서 물은, 또 이를 공급하는 일은 아주 특별할 수밖에 없다. 담이 마치 이런 특별함을 제 몸에 입히는 꼴이다. 자기 존재가 이 정도라 주장하듯 말이다. 또 이렇게 자기 지위를 알아서 챙기는, 야무진 담이 있다.

건물들을 묶어 주는 담

담은 밧줄처럼 묶는 재주가 있다. 건물과 건물을 묶기도 하고 건물과 마당을 묶기도 한다. 이런 담은 우리 옛날 양반 집에서 쉽게 찾을 수 있다. 집터의 경계를 따라 크게 둘러치는 담이 그중 하나다. 옛날 양반 집은 여러 채의 건물로 이루어져 있고, 마당 또한 여러 개다. 담이 여러 채의 건물과 마당 전체를 하나로 묶어 같은 소속이 되도록 해 주고는 한다. 이런 담 말고도, 집 안에 있는 한 건물과 마당을 둘러치면서 이들을 하나의 단위로 묶어 주는 담이 있다.

이렇게 묶는 데는 맹점이 있다. 독립성을 해칠 수 있기 때문이다. 여럿이 하나로 묶임으로써 독립성이 제공하는 자유로움, 특별함이 사라질 수 있다. 이런 점을 염려해서인지, 우리 옛날 집 중에 무작정 묶으려만 하지 않고, 동시에 독립을 보장하려 애쓰는 담이 있다. 충남 논산에 있는 윤증 고택에 가면 바로 그 세심한 담을 볼 수 있다. 몇 가지 실험을 통해 담의 실체에 접근해 보도록 하자. 먼저, 원래 윤증 고택에 있는 모든 담을 아예 없애 보자. 그리하면, 건물들이 여기저기 흩어져서 한집에 속해 있다는 말이 무색해진다. 가족공동체와는 거리가 먼 집이 된다. 건물들이 서로 떨어지면서 독립성이 나아질 것을 기대할 수 있으나 결과는 별로다. 원래 상태를 보면, 안채와 사당채 모두 둘레에 담이 둘러쳐지면서 서로 구분되었다. 독립성이 어느 정도 보장되고 있다 할 것이다. 그런데 담이 없어지면서 이런 맛은 다 사라져 버렸다. 외로움과 분간이 어려운 어정쩡한 독립성만 남는다.

이번에는 거꾸로, 우리 옛날 양반 집에서 흔히 볼 수 있는 집 전체를 둘러싼 담(바깥 담)을 쳐 보자. 그리되면, 모두가 하나에 소속되는 맛은 생긴다. 그러나 각각 건물의 독립성이 훼손된다. 특히 사랑

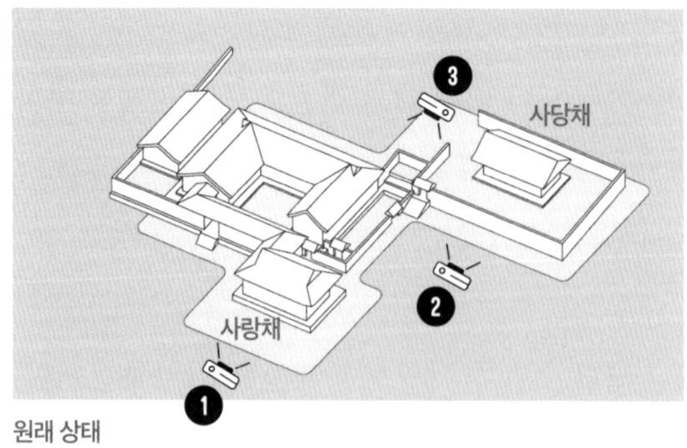

원래 상태

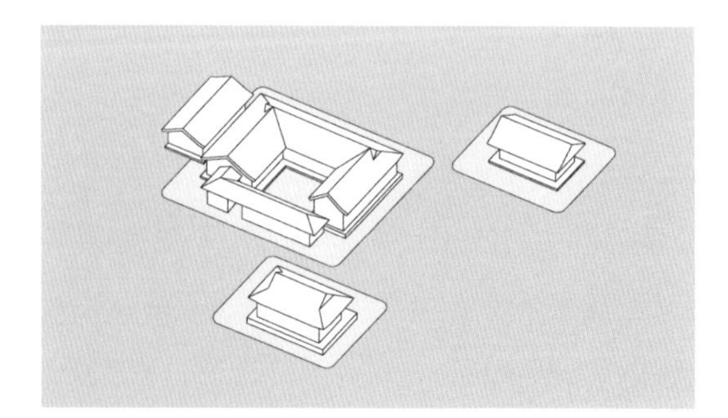

바꿔 보기: 담을 모두 제거한 상태

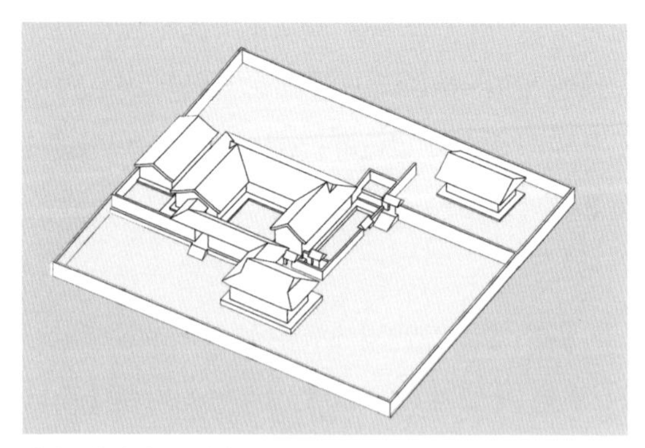

바꿔 보기: 전체를 크게 담으로 둘러친 상태

윤증 고택(한국, 충청남도, 논산)의 사랑채와 사당채

1

2

3

채가 심하다. 사랑채의 원래 상태를 보면, 담이 없는 채로 바깥쪽으로 돌출되어 있다. 당당하고 자신 있게 서 있는 건물이다. 이런 점 때문에 집 안의 다른 건물과는 완연히 구별된다. 다른 양반집 사랑채와 비교해도 그렇다. 너나 할 것 없이 개방적이고 외향적이나 이 집 사랑채에 비할 바가 아니다. 이런 점이 이 사랑채를 더 독특하게 만든다. 그런데 바깥 담을 치는 순간 개성이 싹 사라졌다. 그저 안채에 딸린 듯한 맥없는 건물이 되고 만다.

사당채를 보자. 원래 상태를 보면, 다른 건물로부터 떨어져 나와 주변을 담으로 두르되 옆을 살짝 열어 야산과 통하고 있다. 제법 독자적이면서 자기 나름 세상과의 관계를 설정하고 있는 모양새다. 그런데 집 전체에 담이 둘러쳐지면서 이런 특성이 거의 흐릿해지고 만다.

가운데 ㅁ자 건물이 안채다. 원래 상태를 보면, 꽤 폐쇄적이다. 사랑채가 워낙 개방적이어서 더욱 그 속성이 두드러진다. 하지만 집 전체에 큰 담이 들어서면서 다른 건물 역시 안채가 가진 속성을 고루 가지게 된다. 그러면서 더 이상 안채만의 고유한 것이 아니게 된다. 안채만의 독특함이 옅어졌다 할 것이다.

자, 이번에는 이들 실험을 바탕으로, 담이 세워지는 과정을 머릿속에 그려 보는 것이다. 일단 건물들이 먼저 자리를 잡고 있고 이후에 담이 놓인다는 가정을 전제로 한다. 담이 그 건물 사이를 다니며 마당을 구획하고 건물과 마당이 하나 되게 하고 동시에 이들을 다른 곳과 분리하는데, 일률적으로 그리하지 않고 어디는 뻗다가 멈추고 어디는 아예 내버려 두면서 각자 고유한 성격을 가지도록 하고 행여 고립될세라 하나하나 빠짐없이 찾아가며 떨어진 데가 없도록 하되, 이리 하는 중에 너무 내버려 두는 것은 아닌지 너무 숨막히게 하는 것은 아닌지 조심조심 살피며 신중하게 구는 이미지가 그려진다면, 이 담의 실체에 가까이 다가간 것으로 볼 수 있다. 담의 이런 움직임이 유대와 독립, 이 둘 간의 적절한 조율 그리고 배합에 다름 아닐 것이기 때문이다. 여기서 다룬 것 말고도 이와 관련된 이야깃거리가 윤증 고택 군데군데 숨어 있다. 이를 찾아내는 재미가 쏠쏠할 것이다.

신성함을 불러오는 담

안도 다다오가 설계한 '물의 교회'로 가 보자. 건물을 포함한 이것저것을 아우르는 꽤 주목할 만한 담이 있다. 물의 교회는 크게 보면, 제법 커다란 인공연못과 예배당 건물, ㄴ자 담, 이 세 부분으로 이루어졌다. 예배당 일부와 연못이 서로 겹쳐 있으며, 이들 주변에 ㄴ자 담이 들어서 있다.

ㄴ자 담의 날개 한쪽은 예배당에, 다른 한쪽은 연못에 가 있다. 마치 양팔로 연못과 예배당을 싸고 있는 꼴이다. 둘 사이가 벌어지지 않도록 양팔로 모으고 있다고 할까. 이 덕에 예배당과 연못은 별개가 아니라 하나의 짝이 되는 듯하다. 그렇다면, 예배당과 연못이

짝이 되어 무엇을 한다는 것인가?

예배당과 연못이 만나는 부분을 보자. 예배당이 연못에 제 몸의 일부를 담그고 있는 식이다. 담긴 부분이 하필 재단 부분이다. 재단에 있어야 할 십자가는 아예 물속에 들어가 있다. 일련의 이런 사태가 연못을 바꾸어 놓았다. 단순한 눈요깃거리가 아닌 연못이 되었다. 상상을 자극하는 연못이 되었다. 비는 연못의 물이고, 그 비는 하늘에서 내릴 테다. 졸지에 연못에 신성한 존재라는 뜻이 입히게 된다. 이리되니 성경 속 일화 중, 예수가 갈릴리 호수를 걸어가는 장면이 눈 앞에 펼쳐지는 듯한 착각까지 든다. 예배당이 그 덕을 보게 된다. 연못의 신성함이 곧바로 이어지는 곳이 예배당이기 때문이다. 예배당이 연못을 대하고 있는 쪽을 보자. 완전하게 열려 있다.

원래 상태

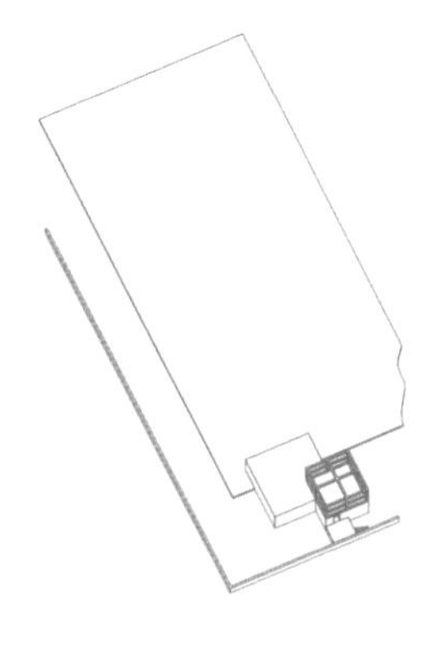

바꿔 보기: 담으로 완전히 둘러친 상태

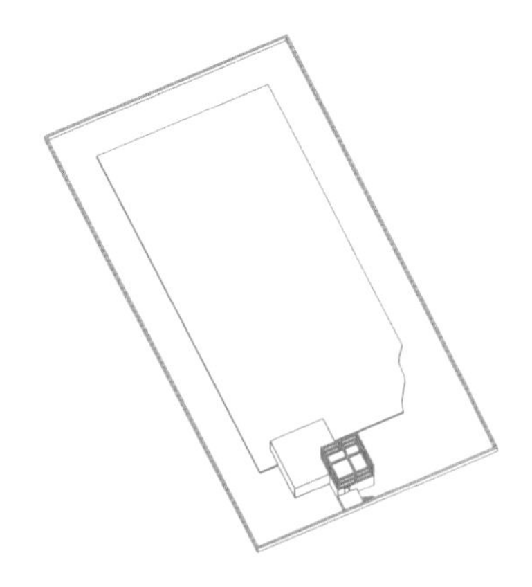

안도 다다오가 설계한 '물의 교회'(일본, 홋카이도)

신성한 연못이 예배당의 분위기를 집어삼키고 있다고나 할까. 아울러 예배당도 신성한 곳이 된다. 이런 전체 구조가 또 다른 상상을 유발케도 한다. 강림을 바라는 기도가 있었던 것 같은, 그 기도에 대한 응답이 나타난 것 같은 상상 말이다. 예배당과 연못, 이 듀엣이 이처럼 근사한 화음을 만들어 내고 있다.

서로 결합되지 않는다면 애초 이런 화음은 어림도 없다. 예배당과 연못이 서로 잘 결합하고 있는 결과다. 이 중에 ㄴ자 담의 역할이 있다. 담이 이 결합을 전적으로 도맡지는 않는다. 이들의 결합에 힘을 실어 주고 있다 할 것이다. 마치 둘의 화음에 장단을 맞추고 있기라도 하듯 말이다. 만약 담이 예배당과 연못 전체를 빙 둘러싸고 있다면 어땠을까? 듀엣이 확실하게 결합되었다고 할지 모른다. 하지만 예배당이나 연못이나 자칫 담에 속한 것 중 하나가 되고 만다. 그 여파가 예상보다 크다. 연못이 우그러지면서 하늘, 은총. 강림 모두 무게감이 반 토막 난다. 담의 입장에서 봐도 그렇다. 애초 자기 안에 담을 만한 일이 아닐 테다. 보통 버거운 일이 아닐 것이기 때문이다.

담이 연못 꼭지점까지 뻗지 않고 가다가 멈추었다. 이 점 또한 연못에 대한 태도와 무관하지 않다. 연못이 조금이라도 어디에 귀속되지 않도록 살짝 비켜난 것이다. 연못의 무게가 조금이라도 훼손되지 않게 하려는 듯 말이다. 담이 이렇게 또 세심하게 신경을 쓰며 적절하게 힘 조절을 하고 있다. 됨됨이가 믿음직스럽고 또 착실한 담이 아닐 수 없다.

의지처가 되어 주는 담

살아 있는 것이라고는 찾아보기 힘든 광활한 사막에 덩그러니 놓인 작은 건물 한 채를 그려 보자. 거대한 자연의 힘을 혼자서 버겁게 견디고 있는 것만 같다. 무척이나 불안하게도 보인다. 만약 가까이에 언덕 하나라도 있었다면 이런 느낌은 많이 줄어들 것이다. 부담을 나눠질 테니 말이다.

물의 교회의 담이 바로 이 언덕과 겹친다. 얼핏 보아도 알 수 있듯이 교회의 주변 스케일이 제법 크다. 이 스케일에 교회가 직접 노출되지 않게라도 하려는 듯 담이 제 몸을 펼쳐 가려 주고 있는 모양새다. 그저 덩그러니 서 있는 것이 아니라 담이 마치 손발을 쭉 뻗어 자신을 땅에 단단히 고정한 채 건물을 붙들고 있는 모양새이기도 하다. 말 그대로 비빌 언덕이 되어 주는 꼴이다. ㄴ자 담을 싹 없애는 식의 '바꿔보기'를 하면 이 점을 바로 확인할 수 있다.

우리 옛날 양반 집에서도 건물을 지탱해 주는 담을 쉽게 볼 수 있다. 건물 가까이에 있는 담들은 대부분 이런 역할을 한다고 보면 크게 틀리지 않다.

김동수 가옥의 별채 옆에 바로 붙어 있다시피 한 담이 그 좋은 예다. 만약 지금과 달리 담이 건물과 한참 떨어져 있다면, 안채에서 내쳐져 기댈 데 없이 큰 운동장 한가운데 홀로 서 있는 듯한 기분이었을지 모른다. 운동장 모서리 한쪽에 물러나 벽을 등지고 서 있는 경우와 비교할 수 있을 테다.

이 담은 건물 옆에 서 있어 주는 데 그치지 않고 보다 깊숙하게 건물에 끼어든다. 담이 건물 뒤에서 한 번 꺾여 있는 것에 주목하자. 만약 담이 반듯했다면, 별채의 앞뒤에 있는 마당과의 관계가 지금과는 달라졌을 것이다. 이전에는 둘로 따로 놀던 마당이 하나로 연결되어 커다란 마당 한가운데에 별채가 놓인 꼴이 된다. 순식간에 별채가 감당하기에 부담될 정도로 마당이 커지는 셈이다. 지금처럼 담이 꺾이면서 마당을 앞과 뒤, 둘로 나누어지고, 이로 인해 마당과 마당이 바로 통하지 않게 되는 것과 차이가 있다. 담이 꺾인 덕에 별개의 앞뒤 마당을 가지고 이를 누리는 모양새가 되었다. 덕분에 별채가 조금 더 여유 있고 편안해졌다.

김동수 가옥의 행랑채로 가 보자. 주변으로부터 받는 압박으로 치면 바깥에 직접 노출된 이 행랑채만 한 데가 없다. 프라이버시나 보안도 문제지만, 이 행랑채는 가옥을 벗어나 온 동네를 상대하는 데 따르는 만만치 않은 부담을 떠안게 된다. 아파트 1층, 그것도 도로변에 있는 1층을 상상하면 쉽게 이해가 될 테다. 그런데 이 행랑채는 절묘하게 이 부담에서 비켜난 듯하다.

행랑채 벽의 바깥쪽 면을 보자(216쪽 그림 ❶). 윗부분은 흙벽과 나무, 창문으로, 아랫부분은 단단한 돌로 되어 있다. 마치 아랫도리에 돌이라는 단단한 껍데기를 두르고 있는 꼴이다. 그만큼 행랑채의 방어력이 보강되었다 할 것이다. 나무와 흙으로 된 벽체와는 상대가 안 될 테니 말이다. 여기서 한 가지 눈여겨볼 부분이 있다. 행랑채 바로 옆에 붙어 있는 돌담이다. 집 전체를 둘러싸고 있는 돌담인

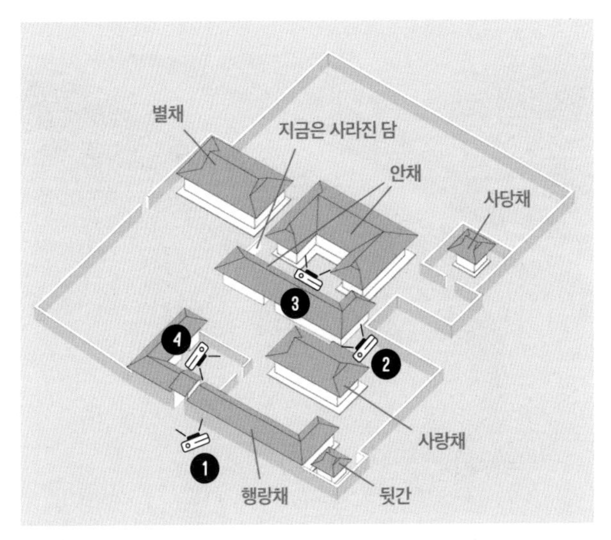

원래 상태

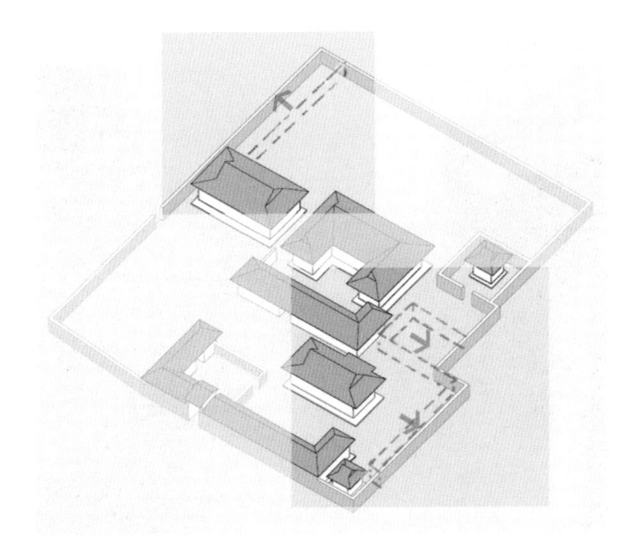

바꿔 보기: 담을 펼쳐본다.

1 바로 바깥에 노출되어 있는 김동수 가옥의 행랑채

2 오른쪽이 안채 ㄴ자 건물

❸ 안채 ㄷ자 건물

❹ 대문 안 로비 같은 공간. 오른쪽은 사랑채로 들어가는 문

데, 행랑채 아랫도리와 우연이라 할 수 없을 만큼 같다. 모양만이 아니라 높이도 같다. 그리고 면도 단이 없이 그대로 이어진다. 집 전체 외곽을 둘러싸고 있는 돌담이 건물에까지 연장된 꼴이다. 마치 외부와 전문으로 맞서는 강력한 방어력을 가진 돌담이 건물과 합체가 되면서, 건물을 대신하여 거친 외부에 맞서고 있는 식이다. 담이 행랑채의 의지처가 되어 주고 있는 셈이다.

거리감을 만드는 담

행랑채 아랫도리의 돌은 김동수 가옥의 안채에도 등장한다. 안채는 ㄷ자, ㄴ자 모양의 건물 두 채로 구성되어 있다. 그중 ㄴ자 건물의 앞쪽 벽면 아래부분이 행랑채처럼 돌로 되어 있고, 바로 근처에는 형제처럼 보이는 돌담이 놓여 있다. 둘이 잠시 끊어진다는 것 말고는 행랑채와 거의 다를 것이 없는 구조로, 그 역할 또한 유사하다.

대문을 지나 집 안으로 들어오면 안채와 마주친다. 분명 집 안인데, '안'이라는 느낌이 확 들지 않는다. 여전히 집 바깥에서 서성이는 듯하다고 할까. 눈앞에 놓인 왠지 싸늘한 느낌마저 드는 안채의 표정과 무관하지 않다. 그 표정을 지어내는 일등공신이 아랫도리의 돌이다. 거기서 단단한 경계를 가지겠다는, 즉 거리를 두겠다는 뜻이 읽히는 것이다. 외부와, 특히 외간 남자와의 접촉을 극도로 꺼렸던 당시의 풍습과 겹친다. 안채의 표정은 이에 따른 일종의 의사표시일 수 있다. 건물 주변을 담으로 꽉꽉 막는 직설적 방식이 아니라 에둘러 넌지시 알리는 묵시적 방식의 의사표시라 할 것이다.

김동수 가옥에 사람을 머뭇거리게 만드는 공간이 또 하나 있다. 대문 바로 안쪽에 ㄷ자 모양의 담이 만들어 내는 네모난 공간이 있는데, 바로 이곳이다. 막힌 담이 대문과 마주하고 양쪽 담에는 통로가 있는 식이다. 통로 하나는 안채로 통하고 다른 하나는 사랑채로 통한다. 머뭇거림이 바로 이런 구조에서 온다.

이 집의 사랑채를 방문한다고 가정해 보자. 일단 대문을 통과한 뒤에, 그다음으로는 막힌 담을 마주할 수밖에 없다. 더 이상 오던 방향으로 계속 진행할 수 없다. 잠시 방향을 오른쪽으로 트는 중에 멈칫할 수밖에 없다. 만약 사랑채가 어디인지 모르는 방문자라면 양쪽 통로를 놓고 꽤 머무적거릴 수도 있다. 말하자면, 곧바로 갈 수 없는 사랑채가 된다. 그만큼 사랑채와 담 바깥의 세상 사이에는 거리가 생긴다.

ㄷ자 담이 만들어 내는 공간은 큰 건물의 로비를 연상케 한다. 조금 더 값을 쳐주면, 로비로 쓰이기도 하는 서양의 건축에 '로톤다rotunde'에 비유될 수 있을 테다. 로톤다는 원 혹은 타원의 평면 형태를 가진 공간의 명칭이다. 이 로톤다가 건물 입구 쪽에 놓여 로비와 같은 역할을 하기도 한다. 원통형 벽체에는 각기 다른 방향에 놓인 공간과 연결되는, 사람이 통과할 수 있는 복수의 구멍이 나 있다. 입구를 통해 들어선 다음 원하는 공간 쪽으로 방향을 잡아 해당하는

서양 고건축의 로톤다

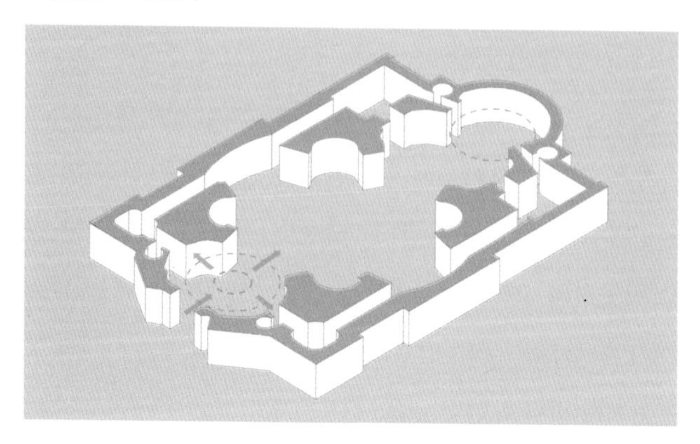

구멍을 통해 이동하는 일이 로톤다를 중심으로 벌어진다. 이는 건물 안과 건물 바깥 사이에 끼어들어 살짝 끊어 놓은 뒤에 이어 주는, 일종의 매듭이기도 하다. 여러모로 김동수 가옥의 ㄷ자 담이 주도하여 만들어 내는 대문 앞 공간과 많이 닮았다. 안채나 대문 앞이나 그 담이 주도하는 '거리 두기', 다른 말로 하면 '세상과의 관계 조율'이라 할 것이다.

건물의 지위를 챙겨 주는 담

이번에는 좀 재미난 공간에 놓인 독특한 담을 한번 보자. 김동수 가옥의 사랑채 한쪽에는 뒷간이 있다. 이 뒷간 주변 일부에 담이 둘러쳐져 있는데, 특이하게도 한 번, 그것도 살짝만 꺾여 있다.

만약 이 담이 반듯하다면, 자기 자리라기보다는 그저 마땅하다 싶은 마당 구석 빈자리에 밀려나 있는 처량한 신세였을지 모른다. 담의 작은 몸짓 하나로 뒷간은 자기 자리를 찾게 되고 신세를 바꾼 셈이다.

사당채 쪽에 몇 차례 꺾여 있는 담 역시 마찬가지다. 담이 꺾이면서 사당채 앞에 주변 마당과는 구분이 된 별도의 마당 하나가 만들어졌다. 이 마당의 주인이 사당채임을 의심하기 어렵다. 사당채의 입구와 직접 연결되어 있고, 다른 곳과의 관계는 제한되어 있기 때문이다. 만약에 담이 일직선이었다면, 사랑채, 안채, 사당채 모두 공유하는 뜰이 되어, 그 주인을 정하기 쉽지 않았을 것이다. 담의 이런 꺾임이 사당의 지위를 한껏 올려놓은 셈이다.

이 마당 말고도 사당은 담으로 빙 두른 전용 마당을 가지고 있다. 이것만으로도 이미 사당은 충분히 독립적이고 또한 자주적이다. 그런데 이것도 모자라 또 다른 영역 하나를 더 가지는 셈이다. 독립된 집과 독립된 땅을 소유함은 물론 사당에 들어가기 위한 입구 주변에 있는 땅에 대한 거의 모든 지분을 소유한, 그 위세가 보통이 아닌 사당이 된다. 자손의 집에 얹혀 지내는 신세로부터 확실히 벗어나고 싶었나 보다.

김동수 가옥의 사랑채 한쪽에 있는 뒷간

사랑채에서 사당채를 본 모습. 저 멀리 지붕이 사당채

관계를 조율하는 담, 그의 사망

원래 이 집의 안채와 별채 사이에는 혼자서 있는 짤막한 담이 있었다. 그런데 그 자리에 건물이 들어섰다. 안채가 두 동의 건물로 구성되어 있는데 그중 앞에 놓인 ㄴ자 모양 건물이 ㄷ자로 연장되어 나오면서 담이 없어졌다.

왜 이런 일이 벌어졌을까? 지금처럼 ㄷ자 건물이 원형인가? 그래서 복원해 놓은 것일까?

아무리 보아도 그건 아닌 것 같다. 건물과 건물이 숨이 조일 정도로 바짝 붙어 있다. 지붕은 더 가관이다. 자기끼리 부닥칠까 봐 뻗다가 말았다. 아주 불편하다. 들어설 것이 아닌 것을 구겨 넣었다는 생각이 금세 든다. 혹, 지금과 같은 ㄷ자 건물이 원형이라고 치자. 그렇더라도 무작정 담을 없애고 그 자리에 건물을 세울 일은 아니다. 담이 어떤 의미를 가지는지 찬찬히 따져 보았어야 할 것이다. 과연 이런 과정이 있었는지 의심이 든다. 늦었지만, 이 작업을 대신 한번 해 보자.

안채를 이루는 ㄷ자와 ㄴ자 건물 그리고 별채와 별도로, 一자 담이 그들 사이 그것도 중앙에 홀로 서 있는 형국이다. 어떤 것에도 부속되지 않고 그 어느 것과도 특별히 더 관계되거나 하고 있지 않다. 그러면서 아이러니하게도, 여러 방면으로 관계되어 있다. 안채 마당과 별채 앞마당은 물론이고 넓게는 집안의 커다란 뒷마당 그리고 대문 쪽 마당까지 이들 모두와 연緣을 맺고 있다. 더군다나 그 내용이 각기 다르고 또 구체적이다. 가령 대문을 통해 집 안에 들어온 사람이 안채로 이동한다면, 먼저 담과 ㄴ자 건물 사이 틈을 향해 건물을 끼고 다소 비밀스럽게 접근해야 한다. 움츠리며 틈을 지나야 한다. 그리고 선택의 여지 없이 우측으로 틀어야 한다. 담이 이렇게 지시하고 유도한다.

다른 쪽과의 연緣 하나만 더 살펴보자. 잠시 별채의 주인이 되어 마당에서 별 보고 한숨을 쉬고 있는 상황을 설정해 보자. 안채 마당에서 잘 안 보인다. 누군가 오고 싶어도 정해진 데를 통해야 하기 때문에 쉽지는 않다. 그렇다고 어렵지도 않다. 마음만 먹으면 얼마든지 왔다 갔다 할 수 있다. 그렇지만 자신의 영역이라서 그나마 낫다. 그래도 신경은 쓰인다. 두 영역 사이를 가로지르며 건물 앞까지 쭉 뻗어 나가다가 멈춘, 짤뚤막한 모양새로 담이 이렇게 관여한다.

특별한 연고 없이 홀로 서 있는 듯한 조그만 담, 보잘것없이 보일 수도 있는 담이다. 하지만 사방으로 이것저것과 얽혀 이런저런 꽤 많은 소리를 내고 있다. 그 소리는 또 어떤가. '열어 제치면 쑥스러워 싫고, 닫으면 고립되어 싫은' '틀어막으면 끊어져서 싫고, 없으면 허전해서 싫은' 이렇듯 상호 모순된 불만을 절묘하게 풀어 주는 꽤 차원 있는 소리가 아닌가. 이런 것들이 그저 아무것도 아닐 수는 없다.

아쉬움에 몇 가지 묻고 가자. 처음 이 집이 지어질 때는 담이 없었을 수도 있다. 지금처럼 건물이 들어서 있었을 수도 있다. 무슨 사정으로 추후에 담이 들어섰을 수도 있다. 하지만 과연 이것이 담을 없애는 이유가 될 수 있을까? 대체 어느 시점을 원형으로 잡아야 하는가? 처음에는 건물 한 채로 시작했을지 모른다. 그렇게 따지면 나머지를 모두 없애는 것이 제대로 된 복원인가?

담을 세운 것에 비중을 두기 어려울 수 있다. 어느 누군가 아무 생각 없이 세운 담일 수 있다. 그래도 그렇다. 이것이 담을 없애는 이유가 될 수 있는가? 결과를 보아야 하지 않겠는가? 그 담이 무엇을 생산하는지, 그 가치가 어떤 것인지 보아야 하지 않겠는가?

변경 전 배치 그림 : 원으로 표시된 사라진 담

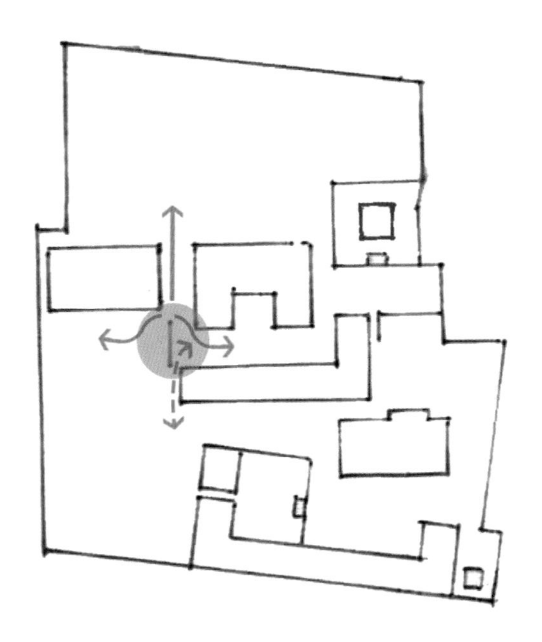

일곱 번째 사연, 자연 對 집

자연과 깊은 친분을 나누고 있는 집

산, 강, 바다 등 자연과 친교를 나누는 집이 있다. 집이 자연 속에, 혹은 자연 근처에 들어서고, 그러면서 자연과 무언가를 주고받으며 친하게 지낸다.

그중에서도 자연과 두터운 친교를 나누는 집들이 있다. 그저 필요한 만큼 주고받으며 경우만 차리는 것이 아니라, 많은 것을 나누며 깊게 사귀는, 사람으로 치면 절친 혹은 애인 같은 관계를 자연과 맺고 있는 그런 집들이 있다.

집과 자연 간의 깊은 친교, 이들의 형태는 여러 가지다. 사람 간 친교가 그러하듯이 집과 자연 간의 친교 역시 헌신적이거나 일방적이기도 하고, 정신적이기도 하고, 열렬할 수도 있으며, 참으로 다양하다. 집마다 친교의 형태가 다를 수 있기 때문이다. 모든 절친, 애인 관계를 하나의 형태로 설명할 수 없는 것과 같은 이치다.

집과 자연의 이런 친교는 그곳에 사는 사람에게도 영향을 준다. 사람 또한 자연과 깊게 사귈 수 있게 된다. 각각의 경우에 따라 사람과 자연이 독특한 형태의 친분을 맺는다. 자연과 각별한 친교를 나누고 있는 여러 형태의 집들을 찾아 나서 보자.

자연의 질서와 하나가 되고 싶은 집

몸은 멀리 떨어져 있으나 마음만큼은 늘 상대를 향하고 있으면서 끈끈한 유대를 맺고 있는 관계, 자연과 이런 친교를 맺고 있는 집이 있다. 미국 남서부 샌디에이고에 위치한 소크 인스티튜트가 바로 그 주인공이다.

소크 인스티튜트는 기다랗게 생긴, 모양이 같은 두 동의 건물이 가운데 커다란 마당을 끼고 평행으로 놓인 형태로 구성되어 있다.

이 집은 바다를 배경으로 서 있다. 그런데 아쉽게도 이 집과 바다의 사이가 그리 친밀해 보이지는 않는다. 무엇보다 바다와의 거리가 너무 떨어져 있다. 아련하게 보일 정도로 바다가 멀리 있다. 건물의 자세 또한 그렇다. 건물의 전면이라 할 수 있는 면, 즉 창문이 나 있는 넓은 면이 바다를 향해 있지 않다. 가운데에 있는 마당을 향하고 있다. 앞에 있는 건물과 마주하고 있다. 마치 몸을 옆으로 돌려

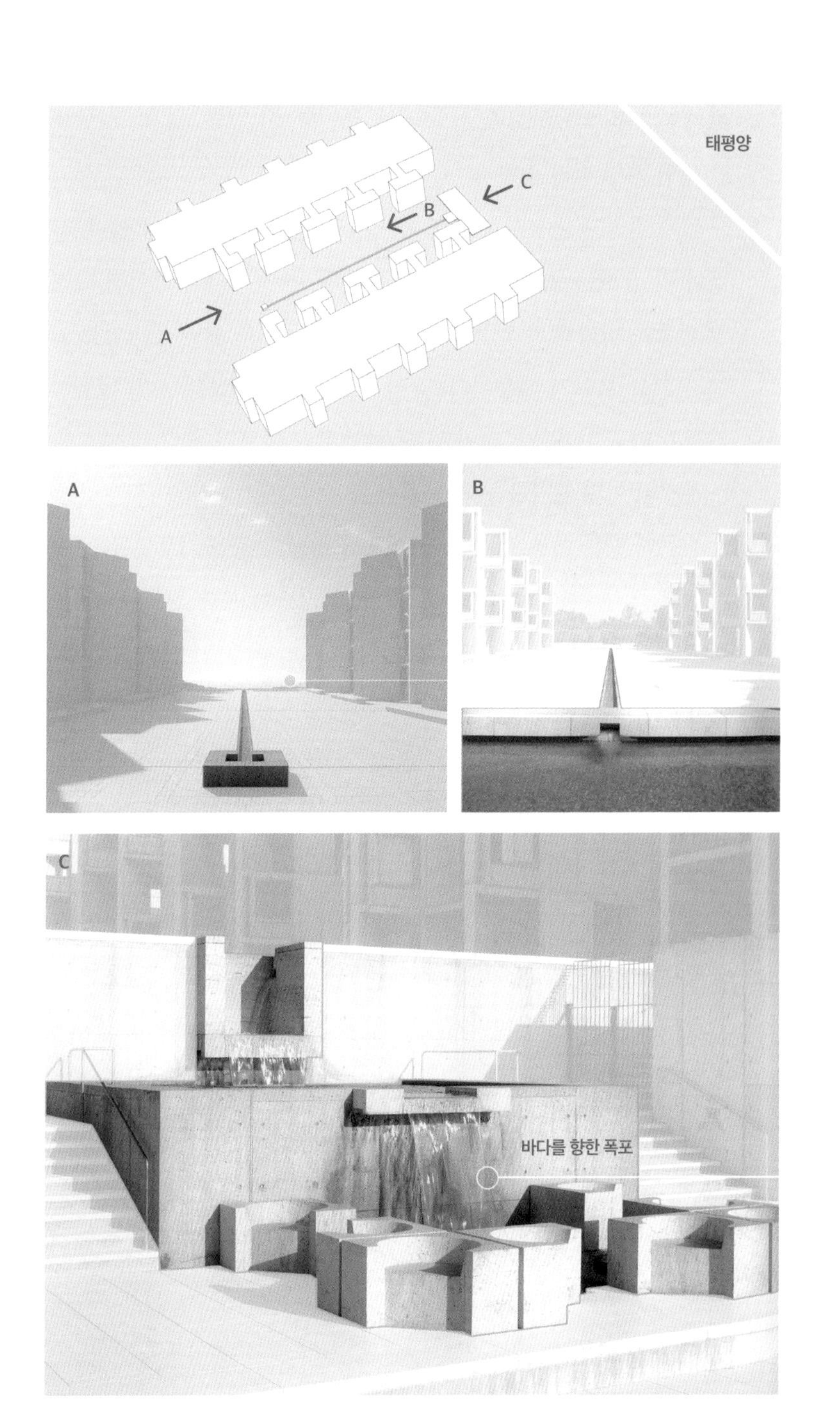

소크 인스티튜트(미국, 캘리포니아주)

애써 바다를 외면하고 있는 것처럼 보인다. 이 집과 바다의 모양새만 보면 분명 별거 중이다.

몸이 떨어져 있으면 마음도 멀어지고 결국 남남이 되기 쉽다. 그러나 이 집과는 무관한 말일지도 모른다. 몸은 바다와 떨어져 있지만 마음은 바다에 가 있는 것처럼, 바다와 하나가 되어 움직이고 있는 집으로 보이기 때문이다. 떨어져 있는 모양새보다는 이 마음이 커서 더더욱 바다와 남남이 될 수 없는 집으로 보인다.

무엇이 이런 생각을 하게 만들까?

가운데 있는 마당에 가 보자. 이곳에 서면 건물을 이루고 있는 덩어리의 생김새를 자세히 볼 수 있다. 여기저기 불쑥 튀어나오기도 하고 움푹 파 들어가 있기도 한, 참으로 기이한 모습의 덩어리를 볼 수 있다.

마당 한가운데에 가느다란 물줄기가 있다. 마당 가운데를 가로질러 한 방향으로 흐르다가 끝에 가서 폭포처럼 밑으로 떨어지게 되어 있다. 이 폭포가 떨어지는 방향 멀리에 푸른 바다가 펼쳐져 있다.

가운데 마당에 서면, 썰물로 바닷물이 멀리로 밀려 나가고 밀물 때가 되면 금방 마당에까지 물이 찰 것만 같지 않은가. 지금은 바다가 얌전하다. 하지만 바다가 화를 낸다면 사정이 달라질 것이다. 폭풍이 불어닥치면 엄청난 크기의 파도가 쉴 사이 없이 들이닥칠 것이다. 마당도, 건물도 여기서 자유로울 수 없을 것만 같다. 파도와 비와 바람이 마당과 건물을 사정없이 치는 그림이 상상만은 아닐 듯하다.

여기에 더해, 바닷가에 있는 큰 바위산의 이미지를 오버랩해 보면 어떤가? 거센 파도와 맞선 결과로 여기저기에 움푹 팬 골이 나 있는 바위산을 겹쳐 보는 것이다.

바닷물이 밀물에 혹은 폭풍에 밀려 바위산을 덮을 것이다. 이 물이 바위산의 틈 구석구석에 머물러 있을 것이다. 큰물이 물러간 뒤 나중에 이 물이 냇물을 이루고 폭포가 되어 바다로 돌아갈 것이다. 이런 작용은 마당 한가운데에 있는 가느다란 물줄기와 자연스럽게 이어진다.

이런 식의 상상대로라면, 더 이상 바다와 이 집을 분리해서 생각할 수 없지 않겠는가? 바다에 맞서기도 하고 받아들이기도 하고 내어놓기도 하는 집이 되지 않겠는가? 바다와 주고받고를 하며 바다의 운동과 맞물려 같이 돌아가는 집이 되지 않겠는가?

자연의 질서와 하나가 되고 싶은
일관된 마음

다시 마당에 서 보자. 거기서 아주 특이하게 생긴 벽체를 볼 수 있다. 콘크리트 구조물 사이에 끼어 있듯이 들어 앉은 나무 벽체를 볼 수 있다.

이를 두고, 바위산(콘크리트 덩어리) 안에 자연의 작용을 통해 만들어진 작고 큰 틈에 사람이 들어가 둥지를 틀고 있는 모습을 그려 봄은 어떤가? 바위 사이의 틈만으로는 사람이 기거할 수 있는 조건을

소크 인스티튜트

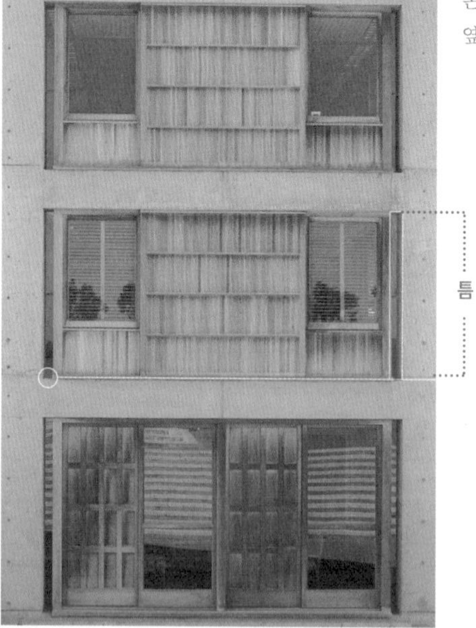

콘크리트와 나무 벽체가 만나는
옆구리 부분

완전하게 만들어 주지는 못한다. 그래서 비, 바람, 추위, 더위를 막아야 한다. 이럴 목적으로 벽체를 설치하는데, 다름 아닌 나무 판으로 된 벽체를 사용한 것으로 보는 것이다.

그런데 왜 하필 나무일까?

만약에 나무 대신 벽돌을 썼다면, 그 뜻이 많이 달라졌을 것이다. 나무로 된 벽을 치는 경우, 상태를 그대로 두고 덩어리의 틈새에 조심스럽게 끼어드는 짓이 된다. 그런데 벽돌로 된 벽체를 치면, 이 맛이 퇴색된다. 벽돌로 된 벽체와 콘크리트로 된 덩어리는 서로 닮아 거의 일체화되기 쉽다. 경우에 따라서는 벽체를 치는 일이 상태를 바꾸는 일이 되어, 끼어드는 것이 아니라 지배하는 것에 가깝게도 된다. 보자. 덩어리는 자연과 함께 커다란 운동을 하고 있다. 나무로 된 벽체에는 이런 활동을 간섭하지 않는다는 뜻이 담겨 있는 것 아닌가? 그 활동을 안으로까지 받아들인다는 뜻이 담겨 있는 것 아닌가? 더불어 그 활동의 일부가 되자는 뜻을 가지는 것 아닌가?

콘크리트와 나무 벽체가 만나는 옆구리 부분을 보자. 사이가 떨어져 있다. 이것 역시 같은 맥락으로 볼 수 있다.

흐름을 단절하지 않겠다는 뜻이 된다. 물론 그 틈에도 유리가 끼워져 있다. 그래서 바람도 물도 들어갈 수는 없다. 그러나 적어도 마음만은 그렇지 않은 것이다. 바람도 비도 파고 들어오기를 그리고 나가기를 바라고 있다고 할까. 여기 조그만 구석에도 자연의 커다란 운동의 일부가 되고 싶어 하는 마음이 이렇게 또 배어 있다.

이 집의 마당은 아무것도 없이 비어 있다. 물줄기 하나만 있다.

그래서 말도 많다. 썰렁하다는 비판을 받는다. 한낮에 뜨거워서 못 견디겠다는 불만도 있다. 그럴 만도 하다. 이곳이 미국 남서부의 끝단이다 보니, 한여름 더위가 속된 말로 장난이 아니다. 만약에 시원한 그늘을 만들기 위해 여기에 아름드리 큰 나무를 빼곡하게 심는다면 어떤 일이 벌어질까?

지금까지의 모든 상상은 끝이 날지 모른다. 바다와 건물 간의 주고받는 교류는 상상하기 힘들게 된다. 건물과 바다는 말 그대로 완전한 별거 상태가 될지 모른다.

보자. 상대를 깊이 받아들이고 그에 반응하고 또 서로 작용하고자 하는 뜻, 이들이 어느 한구석이 아니라 집 전체에 차 있다. 상대에 대한 마음이 그만큼 간절하다 하겠다. 그래서 더욱 바다와 이 집을 떨어뜨려 놓고 보기 어렵다.

이 집과 바다 사이에 이루어지는 친교 형태를 한마디로 묘사한다면 어떻게 될까? 물리적인 한계를 뛰어넘는 추상적 결합? 물질적인 결합에 우선되는 관념적인 결합? 관능적 결합이 아닌 정신적 결합? 이 정도 되지 않을까 싶다.

자연과 끈끈한 교제를 하는 집

자연에 가까이 다가가 자연을 온몸으로 받아들이는, 그러면서 자연과 섞이는, 그 영향으로 인해 자신이 바꿔기까지 하는, 자연을 상대로 이런 뜨거운 친교를 나누는 집들이 있다.

첫 번째 사례 : 일방향적 동화

모양이 꼭 나무 상자처럼 생긴 집이 있다. 더 정확히는 뒤틀어진 나무 상자 같은 집이다. 건물 바닥면을 보자. 비정형의 평행사변형이다. 조금 자세히 묘사한다면, 한쪽의 변이 밖으로 꺾이면서 뒤틀어진 비정형의 평행사변형이다. 겉모양도 마찬가지로 윗부분이 뒤틀어져 있다. 아랫부분의 벽면은 반듯하다. 그런데 이 벽면이 위로 올라가면서 점점 심하게 옆으로 틀어진다.

참으로 범상치 않은 모양을 가진 집이다. 도대체 이 괴상한 녀석은 어떻게 나오게 된 것일까?

건물만 뚫어져라 바라보고 있다면 답을 찾기 힘들다. 주변을 둘러보아야 한다. 호수가 옆에 있다. 제법 커다란 호수다. 이 호수에서 실마리를 찾을 수 있다. 집이 호수에 꽤 가까이 붙어 있다. 이런 상황이 물과 땅의 성질 그리고 물과 땅의 관계를 짚어 보게 한다. 물은 본시 어디든 흘러가려는 성질을 가진다. 이 성질을 가로막는 것이 땅이다. 즉, 물에게 땅은 방해꾼이다. 물가에서는 필연적으로 둘 간의 이런 충돌이 일어난다. 이 집이 들어선 호숫가도 예외가 아니다. 비록 눈에 보이지는 않지만 서로 밀어내고 버티는 힘이 충돌하고 있다. 물은 계속 땅을 압박할 것이고 땅은 억세게 이를 저지하려 할

바닥의 모양은 뒤틀어진 사각형이지만 벽체만큼은
반듯할 수도 있었다. 그런데 윗부분은 상황이 다르다.
바람의 힘을 완전히 극복하지 못한다.
그래서 뒤틀리고 만다.

모양이 꼭 나무 상자처럼 생긴, 스티븐 홀이 설계한 네일 콜렉터스 하우스nail collector's house (미국, 뉴욕주)

것이다. 이 충돌의 크기는 호수의 크기에 비례할 것이다.

커다란 호수와 접하는 만큼 주변이 열려 있게 된다. 대기에 크게 노출된 만큼 바람의 영향도 크게 받는다. 이 상황이 땅과, 땅에 세워진 사물과 바람의 관계를 짚어 보게 한다. 땅에 뿌리를 내리고 있는 나무를 생각해 보자. 이 나무에 아주 센 바람이 사정없이 불어 닥치면 어떻게 될까? 땅에는 나무뿌리를 단단히 잡아매고자 하는 힘이, 나무에는 땅을 붙들고 넘어지지 않으려고 버티는 힘이 작용할 것이다. 나무의 버티는 힘은 부위별로 다를 수 있다. 아무래도 땅과 떨어진 윗부분이 약할 수밖에 없다. 바람의 영향을 더 많이 받기 때문이다.

이런 모든 힘이 건물에 작용하고 있다고 상상해 보자. 그 힘이 아주 크게 작용하여 건물 모양에 변형이 일어난다면 어떻게 될까?

이 과정을 한번 가상의 시나리오로 그려 보자. 애초에 건물 바닥의 모양은 반듯한 변을 가진 직사각형이었다. 여기에 물의 미는 힘이 작용하여 변이 옆으로 눕는다. 그런데 이 밀어닥치는 힘이 지배적이지 않다. 땅의 만만치 않은 저항을 받는다. 밀어닥치는 힘과 같지는 않지만 제법 나름의 크기를 가진 땅의 버티는 힘이 동시에 작용한다. 그래서 밀어내는 힘이 변 자체를 무너뜨리지는 못한다. 반듯한 직선은 유지가 된다. 두 힘 간의 이런 특수한 관계 때문에 지금의 평행사변형이 나오게 된다. 버티는 힘이 균일하지 않을 수 있다. 지질에 따라 땅의 단단하기가 다르다. 약한 부분이 있으면 밀어 닥치는 힘에 눌린다. 그래서 부분적으로 평행사변형이 깨진다. 그래

비정형의 평행사변형

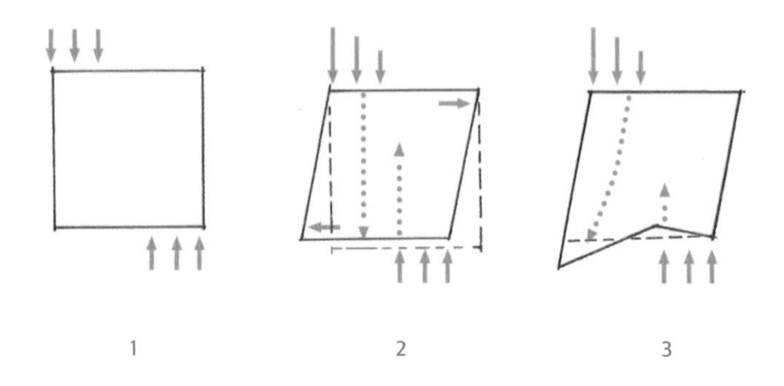

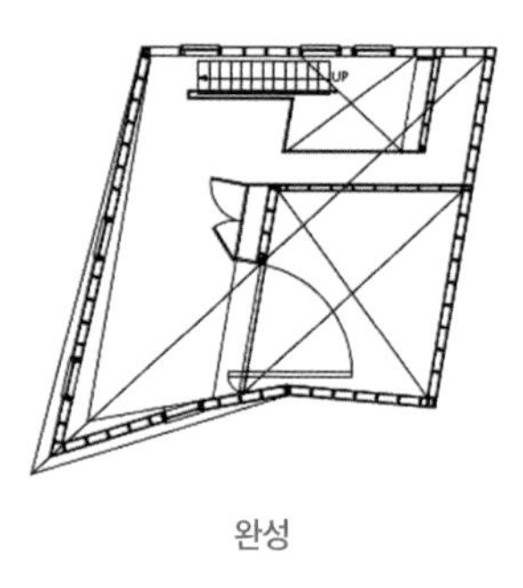

완성

애초에 건물 바닥의 모양은 반듯한 변을 가진 직사각형이었다. 여기에 물의 미는 힘이 작용하여 변이 옆으로 눕는다. 땅의 만만치 않은 저항을 받는다. 밀어닥치는 힘과 같지는 않지만 제법 나름의 크기를 가진 땅의 버티는 힘이 동시에 작용한다. 두 힘 간의 이런 특수한 관계 때문에 지금의 평행사변형이 나오게 된다.

서 지금처럼 한쪽이 밀려 변이 꺾이고 모양이 더욱 틀어진다.

바닥의 모양은 뒤틀어진 사각형이지만 벽체만큼은 반듯할 수도 있었다. 그런데 거기에 바람의 힘이 작용한다. 다행히 아랫부분은 땅의 도움을 받아 버틸 만하다. 그런데 윗부분은 상황이 다르다. 바람의 힘을 완전히 극복하지 못한다. 그래서 뒤틀리고 만다.

물론 이런 사태가 실제 벌어져서는 안 된다. 큰일이다. 집이 아니라 흉기가 될 것이다. 사람이 지낼 수 없으니 더 이상 집으로 취급하기도 어려울 것이다. 정상적으로 계획된 집이라면 이런 일이 벌어질 수 없다. 각 분야의 전문가가 미리 다 계산하고 이를 반영하여 집을 짓기 때문이다.

딱 한 곳, 이런 일이 벌어져도 되고 벌어질 수 있는 곳이 있다. 건물의 설계가 이루어지는 현장, 더 자세히는 건축가의 머릿속이다. 이 집을 설계한 건축가가 실제 이런 상상을 했는지는 본인 말고는 모른다. 어쨌든 그와 같은 상상을 우리가 한 것은 우연일 수도, 사유에 따른 필연일 수도 있다.

둘 간의 이런 작용을 자연과의 친교라는 틀로 조명해 보면 어떨까? 이런 상상대로라면, 이 집은 자연을 상대로 아주 특별한 형태의 친교를 나누는 셈이다. 집이 자연을 깊숙하게 몸안에 받아들인다. 거기에 덧붙여, 받아들인 것에 의해 집 자신이 바뀌기까지 한다.

이런 친교를 동화同化, 이 한 단어로 요약할 수 있지 않을까? 오래 부부로 살면 서로 성격도 닮고 생김새까지 닮는다고 한다. 일종의 동화 현상이다. 이런 현상이 아무에게나 벌어질 수는 없다. 깊은 공감, 깊은 애정 없이, 깊은 관계 없이 마지못해 사는 사이에서 나올 수는 없다. 금슬 좋은 부부 사이에서만 나올 수 있다. 이런 끈끈한 교제가 이 집과 자연, 두 사이에 이루어지고 있는 것은 아닐까?

이들 관계에서 다소 아쉬운 점 한 가지가 있다. 공평하지 못하다는 것이다. 집은 적극적으로 받아들이는데 호수는 냉랭하다. 극히 일방적이다. 이 점을 고려해, 이들의 친교 형태를 '일방향적 동화'라 부르고자 한다.

두 번째 사례 : 쌍방향적 동화

전체 모양은 단순한 육면체에 외벽이 거의 유리로 되어 있는, 마치 유리 상자처럼 생긴 집이 있다. 외벽과 일정한 거리를 두고 유리 상자 가운데 공연장이 들어앉아 있는 구조로 되어 있다. 이 집에서는 일방향이 아닌 소위 '쌍방향적 동화'를 확인할 수 있다.

집이 자연에 적극적으로 다가간다. 어떻게?

집의 위치를 보자. 주변에 제방이 있고, 그 위에 도로가 얹혀 있다. 이 제방이 바다와 도심 사이의 경계가 된다. 많은 건물이 모두 제방 안쪽에 놓여 있다. 유독 이 집만이 제방 바깥에 있다. 경계를 넘어 해변에 뛰어 들어가 있는 모양새다. 충분히 바다를 향한 적극적인 대시로 보인다.

그러면서 자연을 받아들이고, 닮는다. 어떻게?

유리 상자를 이루고 있는 벽면을 보자. 이 안에 몇 가지 중요한 힌트가 들어 있다. 유리벽에 기다란 수평 띠가 있다. 초승달처럼 안으로 살짝 굽어 있는 모양의 수평 띠다. 이런 수평 띠가 셀 수 없을 정도로 반복된다. 이 모양은 바다 수면에 일어나는 수많은 물살을 떠올리게 한다.

유리벽을 지나 건물 안에 들어가면 커다랗게 열린 홀과 만난다. 홀의 한쪽 면 거의 전체가 유리벽으로 둘러싸여 있는 꼴이다. 이 유리벽은 두 겹의 반투명 유리로 되어 있다. 그러다 보니 홀에서는 밖에 있는 사물이 보이지 않는다. 뿌연 햇빛만이 안으로 들어온다. 이런 상황은 물속과 닮았다. 이러니 홀 안에 들어서면 수많은 물살에 어른거리는 물속 같은 느낌이 든다.

전체로 보자. 집이 바다로 다가가 몸을 내어놓으면서 바다의 모양을, 성질을 몸 안 깊숙이 받아들이고, 그러면서 바다와 닮아 가고 있는 꼴이 아닌가.

이에 대해 바다는 어떻게 나오는가? 가만히 팔짱 끼고 있는가?

공연장을 만드는 데서 가장 신경을 써야 할 부분은 바로 음향이다. 무대에서 만들어진 소리가 홀 안에 있는 모든 사람에게 왜곡 없이 잘 전달되어야 한다. 이것이 공연장을 만드는 중요한 기준이 된다. 공연장에서 천장이 볼록하게 경사져 있거나, 벽면 여기저기 볼록하게 튀어나와 있는 것을 볼 수 있다. 이것들은 모두 무대에서 나온 소리를 공연장 곳곳에 정확하게 그리고 고르게 잘 전달하는 데 그 목적이 있다. 이외에도 공연장에 놓인 의자를 포함해 나머지 부분들 역시 거의 모두 이 목적에 맞추어져 있다. 이렇다 보니 공연장

도로 바깥으로 나와 있는 집

이중으로 된 유리벽

은 전체가 하나의 울림통으로 온몸을 울려 음을 만들어 내는 악기의 몸통, 관악기의 몸체로 보이기도 한다.

이 집의 공연장도 예외가 아니다. 모범이 될 만큼 공연장의 조건을 잘 갖추고 있다. 공연장 내부 벽면, 외부 벽면 모두 나무로 싸여 있다. 그래서 굳이 구분을 하자면 관악기 중에 목관악기에 비유될 것이다.

이런 생각을 가지고 건물을 둘러싼 유리벽을 보자. 유리벽을 구성하고 있는 수평 띠, 그리고 공연장 안에서 발생하는 울림, 이 둘을 서로 연관지어 보면, 유리벽에 새로운 이미지가 비추어지지 않는가? 안으로 살짝 굽어 있는 여러 개의 수평 띠, 이 수평 띠가 공연장의 울림에 반응하여 푸르르 떨고 있는 것처럼 보인다. 공연장에서 생긴 소리에 맞추어 진동하며 파장을 일으키는 것처럼 보인다. 앞에서 유리벽을 바다와 한몸으로 본 관점대로라면, 이 울림이 멀리 바다에까지 가 닿는다는 것 아닌가?

집과 바다 모두 일방적으로 받아들이지 않고 자신의 것을 던지고 있다. 상대 역시 이것을 깊숙하게 받아들이고 있다. 네 것 내 것이 섞이면서 네 것일 수도 있고 동시에 내 것일 수도 있는 상황을 만들어 내고 있다. 건물 것이면서 바다 것인 홀이, 건물 것이면서 바다 것인 유리벽이, 바다 것이면서 건물 것인 물이 되고 있다.

가히 쌍방 간의 동화라 할 수 있지 않겠는가?

집이 바다화化되는 것뿐 아니라 바다 또한 집화化되고 있다. 이것은 곧 서로 합쳐지는 것이기도 하니 동화同化 대신 동화同和로 말을 바꾸면 뜻이 더 정확해지지 않을까? 이 집은 '쌍방향적 동화同和'의 형태로 자연과 친교를 나누고 있는 것이다.

자연계와 인간계 사이에 있는 집

두 파트너와 동시에 관계를 가지는 경우를 두고 속칭 양다리라고 한다. 자옥산 골짜기에 조선 시대의 선비 이언적이 관직에서 밀려나면서 고향에 지은 독락당이 있다. 독락당 안에 계정이라는 이름을 가진 건물이 있다. 이 계정이 바로 양다리의 주인공으로 지목될 만하다.

계정 옆에 있는 담을 주목하자. 집 안과 집 바깥, 둘 사이에 놓인 담이다. 이 담을 경계로 계정의 일부가 담 안에, 다른 일부는 바깥에 놓여 있다. 공교롭게도 나뉜 크기가 거의 동일하다. 그래서 계정의 반은 안에, 나머지 반은 바깥에 놓여 있는 셈이 된다. 하나의 건물이 집 안과 집 바깥, 둘 모두를 거의 같은 정도로 상대하고 있는 식이다. 둘 모두에 다리 하나씩을 걸치고 있는 꼴이니, 이것을 양다리라 할 수 있지 않을까?

시각에 따라 양다리의 대상이 바뀔 수 있다. 집 바깥에 깊고 제법 큰 계곡 그리고 나무로 꽉 찬 숲, 즉 자연이 자리 잡고 있다. 담이 집 안과 자연의 경계가 되니, 계정은 집 안과 자연, 이 둘을 한 상대로 양다리를 걸친 것이 된다. 좀 더 넓게 보면, 담은 사람이 사는 세계와 자연 세계의 경계가 된다. 이러면 인간계와 자연계, 이 둘을 상대로 한 양다리가 된다.

계정은 인간계와 자연계, 모두와 상대하고 있으나 그 관계가 각각 다르다. 계정과 자연계의 관계는 밀접하다. 그러나 인간계와는 거리를 두고 있다. 냉정할 정도로 선을 분명하게 긋고 있다. 이를 두고 과연 양다리라 말할 수 있을까?

각각의 관계를 조금 더 자세히 들여다보도록 하자. 먼저 인간계와의 관계부터 보자. '독락당獨樂堂'의 뜻을 풀면, 혼자임을 즐기는 집이 된다. 이름처럼 혼자됨을 보장받고 싶었던 것일까? 독락당에는 사람의 진입을 가로막는 듯한 여러 개의 차단 장치가 있다. 이 차단 장치들이 인간계와의 관계를 푸는 열쇠가 될 만하다. 잠시 방문자가 되어 계정에 머물고 있는 이 대감을 만나러 가 보자. 그러면서

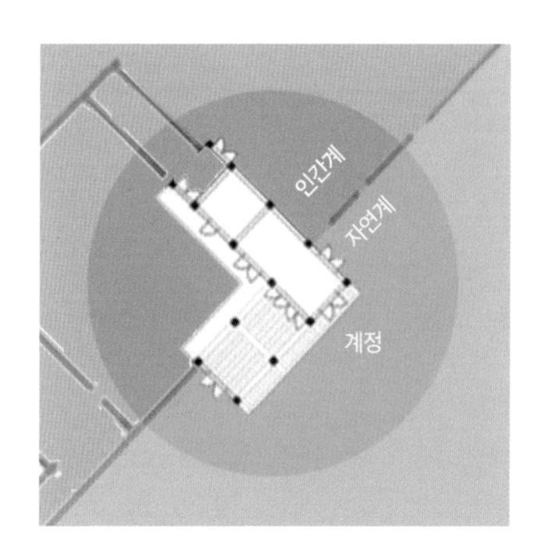

계정 옆에 있는 담

독락당(한국, 경상북도, 경주)의 대문

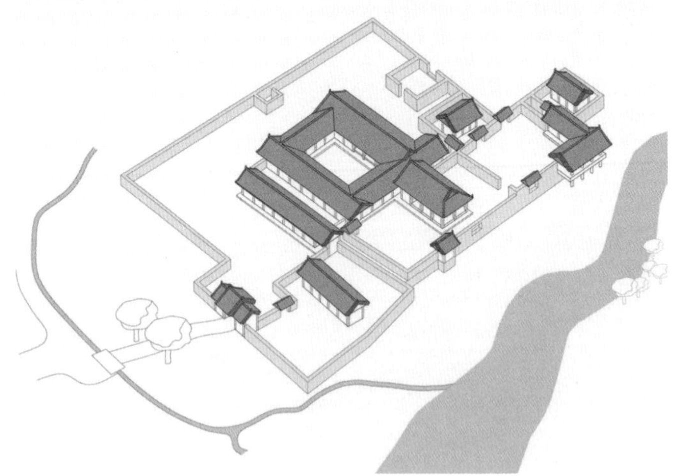

이 차단 장치들을 하나하나 체험해 보기로 하자.

독락당이 시작되는 곳인 대문, 그 앞에 도착하기 전에 '자계천'이라는 이름을 가진 조그만 개울을 만나게 된다. 개울이 집 앞을 가로질러 흐르고 있는 구조다. 이 때문에 독락당이 개울 건너에 있는 집이 된다. 개울을 건너야 접할 수 있는 집이 된다. 다른 영역에 떨어져 있는, 개울을 건넌다는 절차 한 가지를 밟아야만 만날 수 있는 그런 독락당이 된다.

개울을 건너면 대문으로 향하는 길과 만난다. 그런데 이 길의 각도가 수상하다. 길의 방향이 대문과 직각이 아니다. 약간 틀어져 있다. 대문이 접근하는 방문자를 똑바로 바라보는 것이 아니라 슬쩍 다른 데를 바라보고 있는 꼴이다. 어딘가를 방문했는데 그 주인이 눈길을 주지 않는 것과 유사한 상황이다. 방문자가 오는지 안 오는지 크게 관심을 가지지 않는 듯한 이런 냉담한 태도에서 또 한 번 차단의 뜻이 읽힌다.

대문을 통해 안으로 들어가 보자. 거기서 한 가지 예기치 않은 상황을 접하게 된다. 대문 오른쪽에 직각으로 놓인 담이 안쪽으로 꺾이면서 앞을 반쯤 막고 서서 진행 방향을 가로막고 있는 것이다. 대문 오른쪽에 뻗어 있는 담이 직각으로 한 번, 밖으로 또 한 번 꺾이면서 이번엔 옆을 막고 있다. 이들 두 담은 무슨 짓을 하고 있는 걸까? 공간을 구획하는 것이다. 앞에 펼쳐 있는 마당과 어렴풋이 구분되는 별도의 공간을 만들고 있다. 바로 마당에 들어갈 수 있게 하는 것이 아니라 다른 영역 하나를 거쳐야 되는 구조를 만들고 있다. 이

담이 앞을 반쯤 막고 서 있다

대문을 지나 계정으로 가기 위한 세 가지 선택이 있는 문

안에 담긴 뜻 역시 일종의 차단 아니겠는가.

이 구획된 공간에서는 앞으로 두 가지 방향으로 갈 수 있다. 그런데 양쪽 방향의 비중이 비슷하다. 오른쪽으로 가면 행랑채가 있고 왼쪽으로 가면 나머지 집들이 있는데 사람의 발을 이끄는 힘이 비등하다. 어디로 가야 할지 쉽게 답을 가르쳐 주지 않는 구조다. 이런 식으로 머뭇거림을 유발하는 것 역시 또 다른 차원의 차단이다. 서 있다면 어땠을까? 별도의 공간이 만들어지지 않았을 것이다. 따라서 힘의 균형도 깨져, 행랑채 쪽의 힘이 훨씬 약해진다. 사람의 발길은 망설임 없이 앞쪽을 향하게 될 것이다. 더 이상 차단으로 보기 어려워진다.

방향을 제대로 잡아 계정으로 가는 길목인 마당에 도착했다고 치자. 참으로 호락호락하지 않다. 거기에 아리송한 객관식 문제가 기다리고 있다. 눈앞에 그만그만한 세 개의 문이 나타난다. 어느 문으로 들어가야 할지 정확한 정보를 주지 않는다.

목적지인 계정에 가기 위해서는 제일 오른쪽 문을 통해야 한다. 답을 잘 찍어 그 문을 통과했다 치자. 그러나 이 문을 통과하는 순간 또 한 번 방문자를 머뭇거리게 하는 일이 생긴다. 눈앞에는 또 다른 담이 펼쳐져 있고 거기에 또 다른 문이 나타난다. 다시 한 번 막힌다. 이것이 끝이 아니다. 고개를 오른쪽으로 돌리면 계곡이 보인다. 영락없이 다시 집 밖으로 나온 꼴이 된다. 다시 시작해야 하는 처지가 된다. 이것은 지금까지와는 다른 강력한 차단 아닌가.

포기하지 않고 그 대문을 열었다면, 그곳에서 사랑채 격이라 할

이 길을 따라가면 다시 계곡으로 가고 계정에는 갈 수 없다.

옥산정사

'옥산정사'를 만나게 된다. '계정'과 함께 이 대감의 주요 생활 영역으로 추정된다. 여러 가지 정황으로 볼 때, 옥산정사는 이 대감의 사무 공간, 계정은 주거 공간이 아니었나 싶다. 어렵게 왔는데, 이 사무 공간인 옥산정사가 길목을 막으며 버티고 서 있다. 민감한 사람 같으면 이 구조가 던지는 메시지를 얼른 잡아 낼 것이다. 집으로 찾아갔는데, '그런 일이라면 다음에 약속 잡고 사무실로 오라'며 내쳐진 경험이 있는 사람이라면 더욱 메시지를 정확히 이해할 테다. 묻는 것 아닌가? '무슨 일이신가?'라고. 지시하는 것 아닌가? '내 나갈 테니 그곳에서 기다리시라'고. 이것 또한 일종의 차단 아니겠는가. 끝낼 수는 없다는 생각으로 옥산정사를 밀쳐 내고 나아갔다고 하여 끝난 것이 아니다. 담이 또 막고 있다. 거기에 나 있는 문 하나를 더 따고 들어가야 한다. 웬만한 끈기로 이 차단을 넘어설 수 있겠는가?

정리해 보자. 일련의 차단 장치들이 집 안팎과 계정 사이에 놓였다. 그러면서 계정까지 가는 일을 어렵게 만들고 있다. 계정 중심으로 이 구조를 재구성해 보면, 계정 바깥쪽에 차단 장치들을 두어 멀리하는 것이다. 앞서 얘기한 자연계와 인간계 구분으로 보면, 인간계 쪽에 차단 장치들을 두어 인간계를 멀리하는 것으로도 볼 수 있다. 그렇다고 인간계를 거부한다기보다는 상대하고, 동시에 떼어 놓고 있다. 한 번이 아니라 여러 차례에 걸쳐. 한 가지가 아니라 여러 방법으로. 마치 필요 이상 가까워지는 것을 철저히 경계하려는 것 만 같다. 그렇게 되지 않기 위해 계속 자르는 식이다. 인간계에 대해 참으로 차가울 정도로 냉정하게 굴고 있는 것이다.

그렇다면 양다리의 다른 한편인 자연계와의 관계는 어떤가?

한마디로 매우 밀접하다. 이 사실을 제대로 확인하려면 밖으로 나와야 한다. 소위 자연계에 서야 한다. 화가 장승업의 일대기를 다룬 영화 〈취화선〉 속에 주인공이 계곡에서 닭서리를 하여 백숙을 해 먹는 장면이 있다. 바로 계정 앞 계곡이 그 배경이다. 그 상황이 벌어진 바로 그 자리가 계정과 자연계의 밀접한 관계를 살피는 데 최적지다.

밀접한 관계? 조건이 따라야 할 것이다. 상대와 멀리 떨어져 있는 경우, 사이에 무언가 끼어 있어 서로 떨어져 있게 되는 경우를 두고 밀접하다고 말하기는 어렵다. 서로 가까이 있어야 할 것이다. 장애물이 없어야 할 것이다. 여기에 그치지 않고 상대와 서로 살을 맞대고 있다면, 그것보다 더한 상태라면 이를 두고 더욱 밀접하다 할 것이다.

계정과 자연계가 그렇다. 계정 옆에 있는 담을 보자. 이 담이 자연계와의 경계라고 할 때, 즉 담에서부터 자연계가 시작된다고 볼 때, 계정은 자연계에 몸을 바로 맞대고 모양새다. 또한, 계정이 담 밖으로 내밀어져 있다. 그러면서 전면 전체가 그리고 양 측면의 반이 자연계와 면하고 있다. 몸의 반 이상이 자연계에 맞닿아 있는 셈이다. 아기가 엄마 품안에 안긴 것처럼 바짝 붙어 있다. 계정 맨 가장자리는 테라스처럼 되어 있다. 밖으로 튀어나와 공중에 떠 있는 구조다. 마치 집의 일부가 자연계 안에 깊게 밀어 넣어져 있는 꼴이다. 이 테라스 끝에 서면, 자연 속에 쏙 들어가 있다는 기분까지 들

담에서부터 자연계가 시작된다고 볼 때,
계정은 자연계에 몸을 바로 맞대고 있는 모양새다.

계정

게 된다.

어떤가? 계정과 자연계, 이 둘의 관계가 가히 밀접하다 할 수 있지 않은가? 인간계와는 달리, 무척이나 끈끈한 관계를 유지하고 있지 않은가?

계정은 인간계와 자연계 모두를 상대하면서 각각에 대해 맺고 끊는 입장이 분명하다.

독락당에 있는 차단 장치들은 여러 다른 관점에서 해석될 수 있다. 계정 자체의 구조 그리고 계정 앞에 펼쳐진 차단 장치들, 이 전체를 하나의 절차로 볼 수 있다. 사람 사는 세상에서 자연으로 가는 절차, 일종의 걸러 내는 절차로 볼 수 있다. 이런 절차를 통해 자연은 더욱 신비한 존재가 된다.

멋진 자연을 혼자 즐기기 위해 꼭꼭 숨기는 잠금의 짓으로 볼 수도 있다. 이때 차단 장치는 꼼짝없이 이기심의 산물이 된다. 그에 맞게 독락당의 뜻풀이도 바뀌어야 할지 모른다. '혼자임을 즐기는 집'이 아니라 '혼자 즐기는 집'이 되어야 할지 모른다.

자연을 타고 노는 집

상대가 무슨 말을 해도 토를 다는 법이 없고, 심한 말을 해도 도통 화를 내는 법이 없고, 하라는 대로 군말 없이 그대로 따라 하는 소위 순종파(?)가 있다. 누군가는 이 순종파에게 배알이 없다고 손가락질할 수도 있다. 무미건조하고 단조로울 것이라며 이들의 관계를 낮추어 볼 수 있다.

그런데 이 순종의 관계 속에서 나름의 재미를 찾고 남 다른 멋과 맛을 만들어 내면서 그 내용이 건강하기까지 한 경우라면 어떨까? 손가락질보다는 오히려 부러운 시선을 보여야 하지 않을까?

자연을 상대로 이런 친교를 나누고 있는 것으로 보이는 집이 있다. 바로 남계서원이다. 집이 자연의 마음을 헤아리고, 또한 거스르지 않으면서 그 속에서 특별함을, 매우 의미 있는 가치를 새로이 만들어 간다.

남계서원에는 누각을 겸한 대문, 유생들의 학습 공간인 동재와 서재, 선생이 기거하는 강당, 서고인 장판각 그리고 사당이 있다. 이 건물들이 가운데 가상의 직선 축을 따라 열거된 순서대로 놓인다. 건물의 내용도, 종류도, 건물들의 배열 방식도, 우리가 흔히 볼 수 있는 일반 서원들과 크게 다를 게 없다.

과연 어디에서 순종의 실마리를 찾아야 할까? 남계서원 안에 있는 건물들이 땅과 만나는 지점, 여기에 눈을 맞추어 보도록 하자. 그리고 자연 지형과 건물이 만나는 상태를 눈여겨보자. 땅에 대한 건물의 일관된 태도를 볼 수 있다. 이것만큼은 다른 여타의 서원과 다르다. 이것이 바로 이야기를 풀어 가는 단초가 될 수 있다.

서고인 장판각을 보자. 보통의 경우, 건물이 들어서려면 집터가 만들어지기 마련이다. 건물이 놓일 자리는 물론이고 보통 그 주변까지 넓게 평평하게 닦는다. 하지만 장판각의 경우는 그렇지가 않다. 장판각이 놓인 자리에서 뭔가 따로 준비되고 닦인 흔적을 찾기 어렵다. 건물 바로 아래 건물을 받치는 아주 낮은 단이 있고 그 단의 주변이 풀이고 경사지다. 마치 경사지 중에 잠시 평평한 곳이 있어서 그곳에 건물을 슬쩍 올려놓은 것처럼 되어 있다. 자연 그대로의 상태 속에 툭 던져진 것처럼 들어서 있다.

이를 통해 무엇이 얻어지는가?

불편하기 짝이 없는 서고가 되었다. 서고가 떨어져 있는 것은 그렇다 치고 서고로 연결되는 길조차 나 있지 않다. 책 하나를 보자면 풀을 헤치고 가야 할 판이다. 책 한번 보기가 참으로 쉽지 않은 일이 되었다. 불만이 나올 만하다.

그런데 이런 상황을 다르게 받아들인다면 어떤가? 진리를 찾는데 정해진 길이 있느냐, 진리로 다가서는 길은 스스로 헤치고 닦아야 하는 것 아니냐 묻는 것으로, 책만 붙들고 매달리지 말고 폭넓은 사유 또한 권하는 것으로 보면 어떤가? 이런 시각의 전환이 장판각을 서고답게 만들어 주는 것은 아닌가? 그냥 달랑 기존의 기능만 하는 서고가 아니라, 서고가 무엇일 수 있는지에 대한 메시지를 담으면서 본질에 대한 깊은 질문을 던지는 무게 있는 서고가 되기 때문이다. 이런데도 과연 불만만 늘어놓을 수 있겠는가? 그 상황이 일종의 가르침이 되는데도?

이 결과들이 어떻게 생길 수 있었을까? 결국 건물이 자연을 그대로 두고, 이를 거부하지 않고 받아들이는 데서 비롯된 것이 아닌가?

동재와 서재로 옮겨 가 보자. 이 두 건물은 아주 묘한 자세로 서

남계서원 안에 있는 건물들이 땅과 만나는 지점,
여기에 눈을 맞추어 보도록 하자.
그리고 자연 지형과 건물이 만나는 상태를 눈여겨보자.
땅에 대한 건물의 일관된 태도를 볼 수 있다.

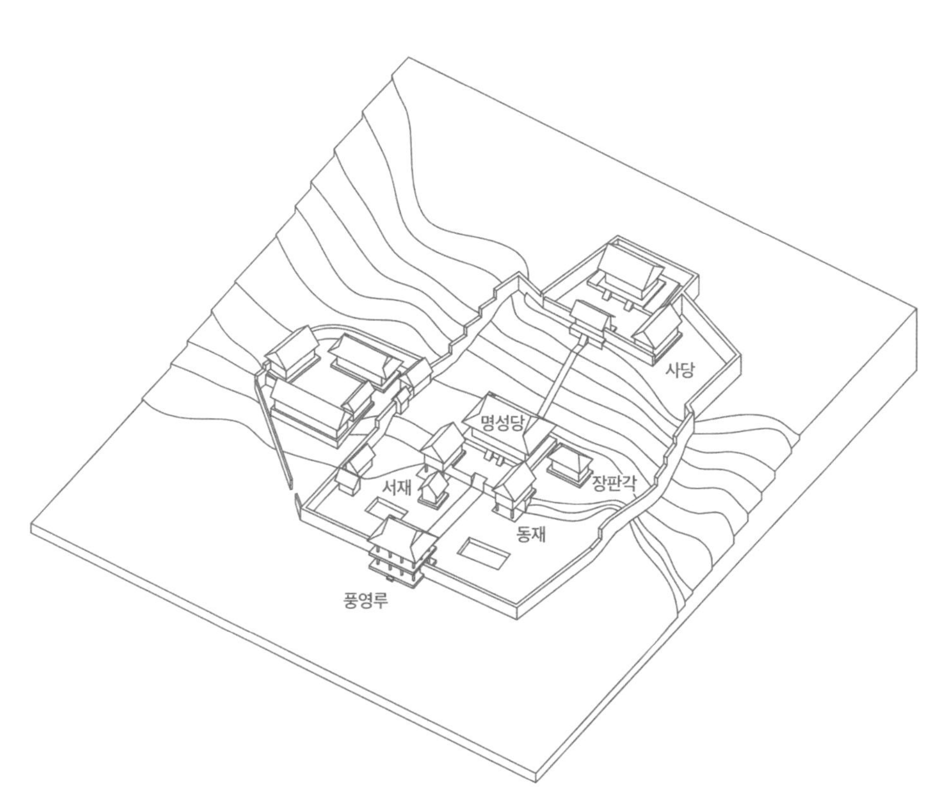

남계서원(한국, 경상남도, 함양)

풍영루

풍영루에서 바라본 동재와 서재, 명성당

장판각

사당 쪽에서 본 풍경

있다. 건물의 반은 땅에 붙어 있고 나머지 반은 공중에 떠 있는 식이다. 마치 건물이 언덕에 걸터앉아 있는 듯하다.

이런 독특한 형식은 기존의 지형을 받아들이면서 자연스럽게 나온 것으로 보인다. 원래 높낮이가 있는 지형이 존재했고, 높은 곳 땅바닥에 맞추어 건물의 반을 올려놓다 보니 나머지 반이 떠 있게 된 것이고, 이를 기둥으로 떠받치는 것으로 볼 수 있겠다.

경사가 있는 땅에 건물이 앉을 평평한 토대를 만들기 위해 돌 등 단단한 재료를 수직으로 쌓아 만든 구조물을 두고 축대라고 한다. 축대는 곧 지형의 변형을 의미하기도 한다.

동재, 서재에도 축대가 쓰였다. 하지만 그 쓰임새가 아주 소극적이어서, 이 축대가 지형을 변형시켰다고 보기에는 좀 그렇다. 동재와 서재 사이에 세워진 축대의 상태를 눈여겨보자. 축대가 널찍하게 터를 만들고 있는 것이 아니라, 필요한 딱 그 자리에만 들어서 있는 모양새다. 동재와 서재에 출입하려면 어느 정도의 평지가 필요할 텐데, 더도 덜도 말고 딱 그만큼의 평지만 만들어 내고 있다. 그래서 이 축대의 경우 지형을 바꾸어 놓고 있다기보다는 일부 보완하고 있다는 생각이 더 든다. 축대가 작고 낮아서인지 경사지를 지배하는 것이 아니라 마치 경사지에 흡수되어 땅의 일부가 된 것 같은 느낌 또한 든다.

이런 구조를 가진 집에서는 어떤 일이 벌어질까?

동재. 서재, 모두 두 칸 집이다. 조건이 각기 다른 두 칸으로 되어 있다. 한 칸은 땅 위에 놓여 있는 방으로, 다른 칸은 공중에 떠 있는 이 두 건물은 아주 묘한 자세로 서 있다. 건물의 반은 땅에 붙어 있고 나머지 반은 공중에 떠 있는 식이다. 마치 건물이 언덕에 걸터앉아 있는 것 같다.

동재와 서재

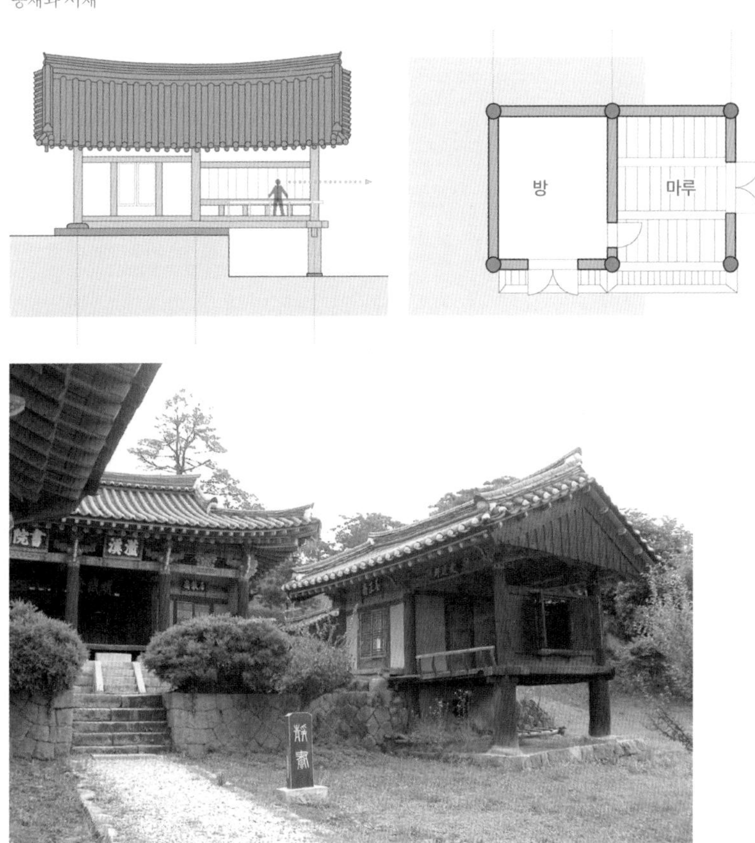

마루로 되어 있다. 한 칸은 막혀 있는 공간, 다른 칸은 열려 있는 공간으로 되어 있다. 이 두 개의 공간은 어떻게 쓰일까?

동재와 서재의 주요 기능은 단연 공부일 것이다. 하지만 어느 누구도 하루 온종일 오직 책만 들여다볼 수는 없다. 제아무리 공부벌레라 해도 예외일 수 없다. 적당한 휴식이 필요할 텐데, 그러기에 이 집에 있는 마루는 딱 적당해 보인다. 시원한 바람을 맞고, 가까이 볼거리도 있어 눈요기도 하고, 시야가 트여 있어 멀리 내다보며 눈도 쉬게 할 수 있으니 말이다.

방과 마루, 두 공간의 조건이 확연히 다르다는 점도 휴식을 극대화할 수 있다. 휴식은 일종의 끊는 작업이다. 이 끊김이 강해야 휴식의 효과가 클 수 있다. 예를 들어, 독서실에서 책을 파다가 바로 옆 열람실에 가서 잡지를 뒤적이는 것보다, 아래 휴게실에 내려가 차를 한잔 마시는 것이 휴식의 효과가 크다. 방과 마루의 조건이 다르다는 점 역시 같은 맥락으로 볼 수 있다. 방에서 공부를 하다가 마루로 나왔을 때 분위기가 아주 다르다. 소위 분위기 전환이 제법 크게 이루어진다. 이런 끊김이 휴식에 지대하게 공헌할 수 있다.

또한, 마루는 조망대의 역할도 할 수 있다. 서원 안쪽이 아니라 바깥쪽, 즉 사람 사는 세상 쪽을 바라볼 수 있도록 되어 있다. 유생들이 마루에 서서, '앞에 보이는 저 세상을 옳게 바꾸기 위해 열심히 수련해야지!' 다짐하며 폼 한번 잡을 만하지 않은가? 이렇게 마루는 유학儒學의 뜻을 다지는 교육 공간으로도 읽힌다.

이렇게 보면, 동재와 서재는 유생들의 스트레스를 잘 이해하고 이를 풀어 주는 집이 된다. 더불어 공부의 목적을 암시해 주는 집이 되기도 한다. 단순히 기능만을 담는 집이 아니라 마음을 달래 주는 집, 마음을 다잡게 해 주는 집인 것이다. 결국 기존의 지형을 존중하고 동시에 이를 활용한 데서 이 모든 것이 비롯되었다고 볼 수 있다. 서원의 가장 안쪽에 제법 길고 급한 경사지가 있다. 이 경사지는 서원을 둘러싼 담 바깥에 있는 경사지까지 그대로 이어져 있다. 얼핏 봐도 거의 자연 상태 그대로 유지된 경사지임을 알 수 있다. 이 경사지 맨 위에 사당이 올려져 있다. 경사지에는 사당으로 통하는 계단이 놓여 있다. 경사가 길고 급해서 한참을 힘들게 올라가야 사당에 도달할 수 있다.

이런 구조는 사당에 어떻게 작용할까?

떨어진 곳에 있는 사당, 동시에 높은 곳에 있는 사당, 가기 어려운 사당이 된다. 사당은 본시 신성한 곳이다. 초월적인 곳이기도 하다. 이런 성격이 더욱 뚜렷하고 강력해진다. 말하자면, 그 구조가 사당을 보다 사당답게 만들어 주고 있다 할 것이다.

이 집의 담으로 눈을 돌려 보자. 자연을 존중하는 모델로 이만큼 좋은 것이 있을까?

특히 장판각 오른쪽에 있는 담이 그렇다. 원래의 지형 위에 얹힌 듯 들어서 있다. 그러다 보니 지형과 거의 유사한 구불구불한 단면 모양을 가진 담이 되었다. 지형에 따라 놓이되 여러 개의 반듯한 단을 형성하며 서 있는 담과 대비된다.

자신을 낮추면서 지형과 같아지려는 담이다. 이런 담이 들어서면

서 어떤 일이 벌어졌나?

담의 본성은 단연 분리라 할 텐데, 이 담은 이 본성을 누르고 있다고 할 수 있다. 담이 놓이면서 남계서원의 안과 밖이 분리되지만, 그 분리가 날카로워 보이지는 않는다. 담을 경계로 안과 밖의 경사지가 이어져 있기 때문일 테다.

이러지 않았다면 결국 서원과 그 바깥에 있는 세계가 분리되어, 자칫 그들만의 리그로 인식될 수도 있지 않았을까? 더불어 사회 참여, 개조라는 유교의 기치 또한 의심받게 되지 않았을까?

장자는 '승물유심'이란 말을 남겼다. 사물에 올라 타 그 위에 서 마음을 노닐게 하라는 것이다. 거부하거나 억지로 따르는 것이 아니라 상황을 그대로 받아들이고 즐기라는 뜻으로 풀이할 수 있다. 이로 인해 새로이 생기는 것을 취하고 누리라는 뜻도 포함되어 있다. 남계서원이 가지는 자연과의 친교 형태를 '승물유심'로 고치면 어떨까? 남계서원은 산줄기를 피해 가는 것이 아니라 산줄기에 자리를 잡는 쪽을 택했다. 꿈틀거리는 지형 위에 집을 짓되 그 땅을 깎아 내는 것이 아니라 그대로 둔 채 그 지형을 타고 노는 쪽을 택했다. 그러면서, 이를 통해 생겨나는 귀한 것들을 새로이 얻고 있다. 이를 누리고 있다. 어떤가? 제대로 승물유심하고 있지 않은가?

찾아보기

사진 크레딧

103쪽 Earth9566 / Shutterstock.com
115쪽(왼쪽) Pres PaPres Panayotov / Shutterstock.com
123쪽 littlenySTOCK / Shutterstock.com
124쪽(아래) Dmitry Br / Shutterstock.com
165쪽(아래) shikema / Shutterstock.com

우리 옛집 사진은 대부분 저자의 사진.

몇몇 사진은 저작권자와 연락이 닿지 못해 허락을 받지 못하고 사용하였습니다.
확인이 되는 대로 적법하게 처리하겠습니다.

인간에게 집은 어떤 의미인가

집의 사연

귀 기울이면 다가오는 창과 방, 마당과 담, 자연의 의미

초판 1쇄 발행 2021년 1월 30일
지은이 | 신동훈

펴낸곳 | 도서출판 따비
펴낸이 | 박성경
편집 | 정우진
디자인 | 박대성

출판등록 2009년 5월 4일 제2010-000256호
주소 서울시 마포구 월드컵로28길 6(성산동, 3층)
전화 02-326-3897
팩스 02-6919-1277
이메일 tabibooks@hotmail.com
인쇄·제본 영신사

ⓒ 신동훈, 2021

* 잘못된 책은 구입하신 서점에서 바꾸어 드립니다.
* 이 책의 무단 복제와 전재를 금합니다.

ISBN 978-89-98439-87-3 03540
값 18,000원